INHALT

hundeglück

Zu diesem Buch **7**

Hunde **8**
  Eine ganz besondere Freundschaft

Warum wir Hunde lieben und wie sie zu unseren ganz persönlichen Glücksbringern auf vier Pfoten werden – hier erfahren Sie die wichtigsten Zutaten für ein erfülltes Leben mit Hund.

Bunte Hunde **16**
  Wer passt zu wem?

Auf der Suche nach Ihrem Traumhund, helfen wichtige Informationen zu Rasse- und Mischlingswelpen, Züchtern oder dem Besuch im Tierheim.

Tollpatsch **36**
  auf vier Pfoten

Der Welpe kommt ins Haus. Hier erfahren Sie, welches Futter der kleine Kerl braucht, wie wir loben und Grenzen setzen, wie Welpen stubenrein werden und vieles mehr.

Flegelzeit **102**
  Wenn Hunde erwachsen werden

Wenn Hormone in der Blutbahn kreisen, verändert sich nicht nur der Körperbau, sondern auch das Verhalten des Junghundes. Hier gibt es die besten Tipps für wilde Zeiten.

DAS IST *wirklich* WICHTIG

HIGHLIGHTS Hier finden Sie die wichtigsten Infos zu vielen Kapiteln kurz und übersichtlich zusammengefasst.

Endlich erwachsen 122
Unterwegs mit einer Hundepersönlichkeit

Auch erwachsene Hunde können und wollen noch mehr lernen. Hier finden Sie viele Möglichkeiten für ein frisches Tricktraining, Tipps zum Hundeführerschein und vieles mehr.

Kind und Hund 138
Dicke Freunde fürs Leben

Damit Kind und Hund zum tollen Team werden, finden Sie hier die wichtigsten Regeln für Eltern, Kinder und Hunde.

Graue Schnauzen 148
Verstehen ohne Worte

Gönnen Sie sich und Ihrem alten Hund viel Zeit zu zweit: Genießen Sie die innige Vertrautheit und erfahren Sie, wie Sie Ihren Senior lange geistig und körperlich fit halten können.

Service und Register 158
Die Akteure des Buches 160

ZU DIESEM BUCH

MITTEN INS HERZ
Die Entscheidung für ein Hundeleben

Ich erinnere mich noch genau an den Moment, als ich meinen Hund Rupert zum ersten Mal sah: Er war klein, ungepflegt und für einen Welpen wenig niedlich. Aber der Blick aus seinen Augen traf direkt in mein Herz.

Eigentlich hatte ich andere Pläne: Einen alten Hund aus dem Tierheim wollte ich adoptieren und hielt schon seit längerem die Augen nach meinem „Mr. Right" auf vier Pfoten offen. Doch das Leben ließ mich über diesen winzigen Rüden stolpern, sichergestellt von Feuerwehrleuten in einer Sozialwohnung in Hamburg, St. Pauli.

GUTE ENTSCHEIDUNG
In diesem Buch werden Sie davon lesen, wie man den richtigen Hund sorgfältig aussucht. Das ist wichtig, denn entscheidend für ein glückliches Zusammenleben von Hund und Mensch ist die perfekte Passung. Das bedeutet, dass Sie und Ihr Hund die gleiche Vorstellung von einem erfüllten Leben haben sollten. Zudem werde ich viele Tipps zum Finden eines guten Züchters geben, wie man Anfängerfehler in der Erziehung vermeiden kann und wie wichtig das richtige Loben in allen entscheidenden Erziehungsmomenten ist.

DIE INNERE STIMME
So viel zur Theorie. Alle Tipps im Hinterkopf zu haben, macht uns sicher, ist gut und richtig. Aber die Wahrheit ist auch: Von dem Moment an, als mich Ruperts Blick traf, konnte ich bis heute immer wieder erleben: Das Hören auf die innere Stimme im entscheidenden Moment kann genauso richtig sein. Ich habe mich damals gegen alle Vernunft in diesen Sozialfall verliebt und anschließend zehn wunderbare Jahre mit Rupert verbracht. Was ich damit sagen möchte, ist vielleicht das Wichtigste in diesem Buch: Behalten Sie alle Ratschläge im Hinterkopf, aber hören Sie in entscheidenden Situationen auf Ihr Herz.

DEN EIGENEN WEG FINDEN
Es gibt nicht einen Weg, der für alle Menschen und Hunde passt. Jeder hat seine eigene Persönlichkeit, in der Beziehung zwischen Hund und Mensch ergibt dies ein Potpourri aus Möglichkeiten, wie in bestimmten Situationen miteinander umgegangen werden kann. Es gibt sensible Hunde, die alles recht machen möchten, und es gibt Querköpfe, die immer wieder unsere Grenzen austesten. Ihren eigenen Charme haben sie alle, ihre Erziehung fordert von uns aber neben Grundlagenwissen viel Einfühlungsvermögen, um jedem gerecht zu werden.

FEHLER MACHEN ERLAUBT
Dass Sie beim Erziehen Fehler machen werden, ist normal – entscheidend ist, dass Sie aus Ihren Fehlern lernen. Hunde sind nicht nachtragend: Sie lernen am besten von Menschen, die authentisch sind – und dazu gehört, dass wir auch mal etwas falsch machen. Ein bisschen Unvollkommenheit finden sie mit Sicherheit besser, als wenn ein Mensch an ihnen Methoden nacharbeitet, die er sich mühsam angeeignet hat. So endet Hundeerziehung leider oft in gegenseitiger Verständnislosigkeit.

LEBEN IM HIER UND JETZT
Wahrhaftigkeit dagegen kennen Hunde gut, denn mit dieser Eigenschaft können sie selbst glänzen. Hunde leben im Hier und Jetzt, sie sind immer echt, genau dafür lieben wir sie! Wenn Sie diesen Umgangston kopieren, wird Sie Ihr Hund für das lieben, was Sie sind: der nicht perfekte, aber verlässliche und vertraute Mensch an seiner Seite. Ich freue mich, wenn ich Ihnen auf Ihrem Weg zum Hundeglück ein bisschen Starthilfe geben kann, und wünsche dabei viel Spaß und Fröhlichkeit.

Herzlichst, Ihre Kate Kitchenham

HUNDE
Eine ganz besondere Freundschaft

EIN HUND SOLL BEI IHNEN EINZIEHEN? WIE WUNDERBAR. ER WIRD IHR LEBEN AUF DEN KOPF STELLEN UND JEDEN TAG BEREICHERN. FÜR SEINE GROSSARTIGE FREUNDSCHAFT SOLLTEN WIR UNS ERKENNTLICH ZEIGEN, INDEM WIR IHN ALS HUND ERNST NEHMEN UND „HUNDGERECHT" LEBEN LASSEN.

SEELENVERWANDT
Warum wir Hunde lieben

„Der Hund ist das einzige Säugetier, das wirklich mit uns leben kann, nicht nur in unserer Nähe", meint der Verhaltensforscher Irenäus Eibl-Eibesfeldt. Doch wieso können Hunde besser mit uns leben als Schimpansen und wie fing alles an?

MENSCHENVERSTEHER

Hunde sind einzigartige Freunde auf vier Pfoten, sie bereichern unser Leben und scheinen jedes Wort zu verstehen. Doch ist das wirklich so? Neueste Forschungen scheinen diese millionenfache Erfahrung von Hundehaltern zu bestätigen: Hunde verfügen über spezialisierte Fähigkeiten in der Kommunikation mit Menschen, die sogar Schimpansen fremd sind. Ihr größtes Talent ist die angeborene Gabe, uns zu verstehen, zu durchschauen und sich Lebenssituationen und Persönlichkeiten flexibel anzupassen. Diese einzigartige Kommunikations- und Anpassungsfähigkeit haben Hunde einigen tapferen Wölfen zu verdanken, die sich einst auf der Suche nach Fressbarem immer näher an die Lagerstätten unserer Steinzeit-Vorfahren herantrauten. Sie wurden im Laufe eines jahrtausendelangen Domestikationsprozesses langsam zu unseren ersten Haustieren. Dieser zeitliche Vorsprung von mehreren tausend Jahren hat ausgereicht, eine genetische Grundausstattung zu entwickeln, die Hunde zum besten Menschenversteher im Tierreich qualifiziert.

DER MENSCH IM SPIEGEL

Studien konnten zeigen, dass Hunde schon als Welpen unsere Körpersprache interpretieren, die Bedeutung vieler Wörter lernen und schnell zu Experten unserer Persönlichkeit werden. Es gibt kaum ein anderes Lebewesen, das unsere Stärken und Schwächen so gut kennt, wie unser Hund – er weiß genau, wann wir im Gespräch abgelenkt sind und er in Ruhe das Schulbrot im Gebüsch fressen kann. Er hält uns täglich einen Spiegel vor und zeigt uns, wer wir sind. Er kann unsere Stimmung erkennen – nicht nur anhand unserer Körpersprache und Stimmlage, sondern auch daran, wie wir riechen. Denn Hunde haben einen Kommunikationskanal mehr als wir: ihren hochspezialisierten Geruchssinn. Ihre extrem empfindliche Nase und präzise Beobachtungsgabe verrät ihnen genau, wie gut unsere Stimmung am Morgen ist, wann wir Ärger mit unserem Chef hatten oder gerade glücklich verliebt sind. Der Welpe auf Ihrem Arm trägt also das beste Potenzial in sich, Ihnen ab sofort eine einzigartige Freundschaft zu schenken. Alles was er dafür braucht, sind die entscheidenden Zutaten fürs „Hundeglück". Und die verrate ich Ihnen auf der nächsten Seite.

„CO-DOMESTIKATION" VON HUND UND MENSCH? Unter Forschern kursiert die Theorie, dass wir uns mit der Zähmung des Wolfes, unseres ersten Haustieres, sozusagen „selbst zivilisiert haben": Denn unsere Vorfahren aus der Steinzeit mussten im Umgang mit dem Wolf lernen, die eigenen Gefühle zu kontrollieren. Das bedeutet, dass sie primäre Wünsche wie Fangen und Essen zurückstellten, weil sie einen „höheren Plan" verfolgten: Sie wollten die Tiere zähmen. Dazu mussten sie Verhalten beobachten und sich in die wolfsartigen Tiere einfühlen. Das „Mitgefühl" für andere Lebewesen könnte auf diese Weise zum ersten Mal entstanden sein.

DAS IST *wirklich* WICHTIG

[a] VERTRAUTHEIT Es soll sich nicht immer alles um den Hund drehen, behalten Sie Ihr eigenes Leben im Blick. Das macht uns auch für Hunde interessant. Aber wenn Sie Zeit mit Ihrem Freund auf vier Pfoten verbringen, nutzen Sie diese Momente intensiv. Nur wer sich gut kennt, kann ein tiefes Band der Freundschaft entwickeln.

[b] HELFER Hunde, die eine Aufgabe haben, fühlen sich gut, denn sie sind für ihren Menschen wichtig und bekommen dafür viel Anerkennung. Rechnen Sie damit, dass auch Ihr Hund von Ihnen eine spannende Ausbildung erwartet, denn die meisten Rassen sind nicht als Sofawärmer oder Spazierbegleitung entstanden, sondern als Helfer des Menschen.

HUNDEGLÜCK
Die wichtigsten Zutaten

Sie sehnen sich nach einer innigen und entspannten Freundschaft zum Hund? Dann schenken Sie ihm sein Hundeleben lang diese wichtigen Dinge.

ORIENTIERUNG

Hundeerziehung ist eigentlich leicht – weil Hunde uns Erziehung leicht machen. Sie sind soziale Wesen, die uns von klein auf zu verstehen versuchen und uns nur nach der richtigen Richtung fragen. Deshalb sind sie glücklich, wenn wir ihnen durch die zwei wesentlichen Pfeiler JA und NEIN deutlich zeigen, was sie bleiben lassen sollen und wann sie etwas fantastisch gemacht haben.

ZEIT

Machen Sie es Hunden gleich und investieren Sie in diese Freundschaft viel Zeit und Leidenschaft. Der Grund dafür ist einfach: Jede Beziehung, die wir innig pflegen, wird wertvoll. Umso besser wir uns vorbereiten, uns immer wieder überdenken, verbessern und uns für den kleinen Kerl Zeit und Ruhe nehmen, desto inniger und fester wird das Band der Freundschaft, das uns verbindet.

VERHUNDLICHUNG

Hunde sind keine kleinen Menschen, trotzdem können wir nach dem heutigen Stand der Wissenschaft davon ausgehen, dass Hunde vergleichbare Gefühle in Situationen erleben wie wir. Ich möchte Sie deshalb ermutigen, sich möglichst oft in Ihren Hund „hineinzufühlen". Einfühlungsvermögen bedeutet, dass wir unsere eigenen Absichten, Erwartungen und Gefühle auch bei anderen Menschen oder Tieren erwarten. Hunde machen das auch: Sie behalten uns fest im Blick, analysieren unser Verhalten und „verhundlichen" uns dabei. Gehen wir z. B. mit stampfenden Schritten hochaufgerichtet oder leichtfüßig tänzelnd durchs Haus, dann leiten sie daraus ab, dass wir wütend oder fröhlich sind. Durch diesen Abgleich versuchen sie zu erahnen, was in uns vorgeht und was wir eventuell als Nächstes tun werden, und richten ihr eigenes Verhalten danach aus. Zum Beispiel, indem sie sich auf ihren Platz verkrümeln oder unsere Freude teilen. Sie dürfen Ihren Hund also vermenschlichen – solange Sie ihn nicht in Puppenkleider stecken und in der Handtasche spazieren tragen. Respektieren Sie sein „Hundsein", lassen Sie ihn an Häufchen schnuppern, mit Kumpels über Wiesen toben, mit anderen Hunden streiten üben. Bieten Sie ihm eine Ausbildung, die ihm Sicherheit schenkt und seine spezialisierten Sinne auslastet. In all diesen Situationen werden Sie wahrnehmen, dass er mal glücklich, konzentriert, stolz oder frustriert wirkt und diese Momente wahrscheinlich ähnlich erlebt wie wir.

ANERKENNUNG

In einem ganz wesentlichen Punkt unterscheiden sich Hunde von Meerschweinchen, Fischen und Katzen: Sie wollen zu unserem Leben dazugehören und eine Bedeutung darin haben. Hier ähneln sie uns Menschen, denn wer von uns möchte nicht für jemand anderes – oder zumindest für eine bestimmte Aufgabe – wichtig sein? Hunden geht es genauso. Sie lieben es, wenn sie viel lernen dürfen, viel können und dadurch Leistungen bringen, für die sie von uns Anerkennung ernten. Der Grund für diese Ähnlichkeit? Hunde wurden ursprünglich nicht als Bettwärmer, sondern für bestimmte Aufgaben gezüchtet. Also: Loben Sie Ihren Hund mit viel Freude über seine Leistung.

RESPEKT

Werden Hunde von ihren Menschen als fühlende, leistungsstarke Wesen ernst genommen und gut ausgebildet, können sie sich zu selbstsicheren und fröhlichen Begleitern entwickeln. Ähnlich wie Menschen, die sich durch ein liebevoll führendes Elternhaus wichtig, geliebt und anerkannt fühlen. Noch etwas zeichnet solche ausgeglichenen, ernst genommenen Hunde aus: Durch ihr freundliches, aufgeschlossenes Wesen haben sie die Gabe, nicht nur unser, sondern auch das Leben anderer Menschen zu bereichern. Als Halter eines fröhlichen Hundes stehen Ihnen dadurch die meisten Herzen dieser Welt offen. Sie werden sich wundern, wie viele fremde Menschen Ihnen plötzlich zulächeln oder neugierige Fragen stellen. Und natürlich Respekt zollen, für diesen großartigen, liebenswerten Freund an Ihrer Seite.

HUNDE HEUTE
Glücksbringer auf vier Pfoten

Warum Hunde so gut zu uns passen? Dafür gibt es viele Gründe. Die Wichtigsten sind hier aufgeführt.

FAMILIENSTRUKTUR
Wölfe sind Sozialtiere, genau wie wir. Deshalb leben sie in ähnlichen Familienverbänden zusammen: Mutter, Vater und ältere Geschwister teilen sich die Aufzucht des Nachwuchses, erziehen mit und bilden aus. Dabei bedienen sie sich ganz ähnlicher pädagogischer Prinzipien: Ein inniges Miteinander ist genauso wichtig wie Disziplin oder fröhliches Rangeln und Spielen.

SOZIALARBEITER HUND
Hunde sorgen für fröhliche Kontakte zu Mitmenschen. Um dies wissenschaftlich nachzuweisen, ließen Forscher Hundebesitzer mal mit, mal ohne Hund durch den Londoner Hyde Park laufen und notierten, wie viel Kontakt die Personen dabei zu Fremden hatten. Das Ergebnis war eindeutig: Der Gang mit Hund führte zu zahlreichen Gesprächen, die Wanderung allein war dagegen ein einsames Erlebnis. Der Grund: In unserer Kultur ist es nicht üblich, fremde Menschen anzusprechen – es sei denn, man erkundigt sich nach dem Weg oder der Uhrzeit. Werden wir hingegen von kleinen Kindern oder Hunden begleitet, gilt diese Regel nicht. Das Kind oder der Hund werden als Brücke genutzt, um mit dem Erwachsenen ins Gespräch zu kommen.

SICHERHEITSFAKTOR
Wer einen Hund an seiner Seite hat, fühlt sich sicherer. Das liegt u. a. an seiner beruhigenden Präsenz. Besonders in Lebenskrisen zeigt uns seine stille Anwesenheit, dass wir nicht alleine sind. Zudem stehen sie uns in beängstigenden Alltagssituationen zur Seite. Auch ein Schaf im Wolfspelz schreckt ungebetenen Besuch ab und schenkt uns Schutz und Freiheit.

HUNDE HALTEN FIT
Mit einem Hund spazieren zu gehen, tut nicht nur dem Hund gut: Auch wir profitieren von der regelmäßigen Bewegung an frischer Luft, den Eindrücken der Welt um uns herum, den Gesprächen, die sich unterwegs mit anderen Menschen ergeben. Dass unser körperliches und seelisches Wohlbefinden durch Hundehaltung positiv beeinflusst wird, ist in vielen Studien nachgewiesen worden. Hundehalter sind weniger übergewichtig, gehen seltener zum Arzt, ihre Kinder sind allergieresistenter.

HUNDE SIND FLEXIBEL
Für Hunde gilt: Dabei sein ist alles. Das macht das Leben mit ihnen herrlich unkompliziert. Hunde, die gut sozialisiert und erzogen wurden, sind (fast) überall gern gesehene Begleiter: Ob im Restaurant oder Urlaub – Hunde passen sich schnell unterschiedlichsten Situationen an, lieben Abwechslung und neue Erlebnisse.

LEBENSFREUDE
Sei es das Lachen beim Spiel mit dem Hund, die gemeinsamen Erfolgserlebnisse beim Training, das vertraute Kuscheln oder die große Wiedersehensfreude, wenn wir nach einem Arbeitstag nach Hause kommen und vom Hund begrüßt werden: Hunde steigern unsere Lebensfreude. Wissenschaftliche Untersuchungen haben gezeigt, dass während der Zweisamkeit bei Hund und Mensch das Glückshormon Oxytocin in die Blutbahn ausgeschüttet wird – und schon fühlen wir uns pudelwohl.

BUNTE HUNDE
Wer passt zu wem?

TOLLE HUNDE TRIFFT MAN ÜBERALL. OB EIN HUND JEDOCH GUT MIT UNS LEBEN KANN, WIRD IHM HÄUFIG SCHON „IN DIE WURFKISTE GELEGT". BEIM SUCHEN UND FINDEN IHRES GANZ PERSÖNLICHEN TRAUMHUNDES HILFT IHNEN DESHALB DAS „GEWUSST WIE".

DAS IST *wirklich* WICHTIG

[a] HOCHLEISTUNG Es gibt Hunde mit speziellen Fähigkeiten – wie zum Beispiel Border Collies. Sie hoffen auf ein Leben mit Aufgabe und brauchen Menschen, die ihnen eine passende Ausbildung bieten können.

[b] VATERGLÜCK Selten, aber ideal: wenn die Welpen nicht nur mit ihrer Mutter, sondern auch mit dem Vaterrüden aufwachsen dürfen.

[c] GROSSE LIEBE Ein guter Züchter möchte kein schnelles Geld verdienen, sondern „seine" Rasse erhalten und hängt mit Herzblut an jedem einzelnen Welpen. Stellen Sie sich auf viele kritische Fragen ein, bevor er Ihnen eines seiner „Hundekinder" anvertraut.

TRAUMHUND
Vier Tipps, wie Sie ihn bekommen

„Zum Hund kommen" kann man auf alle nur erdenklichen Weisen. Und das ist gut so. Doch denken Sie daran: Das Zusammenleben mit einem Hund wird viele Jahre dauern. Ihr Hund sollte deshalb gut zu Ihnen und Sie gut zu Ihrem Hund passen.

1. SEINE ANLAGEN
Als Zuchtergebnis einer oder mehrerer Rassen trägt jeder Hund bestimmte rassetypische Anlagen in sich. Entscheiden Sie sich also für einen Jagd-, Hüte- oder Schutzhund, können Sie mit großer Wahrscheinlichkeit davon ausgehen, dass sich Ihr Freund in vielen Situationen auch wie einer benehmen wird.

2. DIE ELTERN
Als Kind seiner Eltern kann er außerdem die Wesensarten dieser beiden Individuen weitertragen. Soll heißen: Die tollsten Eigenschaften einer Rasse können über die Elterntiere verwässert werden, wenn beide von Mutter Natur mit einem schwachen Nervenkostüm ausgestattet wurden. Die Bekanntschaft der Eltern Ihres Welpen sollten Sie deswegen unbedingt machen. Das gilt besonders für Mischlingswelpen.

3. DER ZÜCHTER
Der erste Menschenkontakt Ihres Hundes findet im Zuhause des Züchters statt. Ein guter Züchter ist besonders wichtig, denn ab der zweiten Woche nimmt der Welpe seine Umgebung wahr – und von nun an befindet er sich in der sogenannten „Prägungsphase". Alle Lebewesen, mit denen er in den ersten Wochen in Kontakt kommt, gehören von nun an zu den Selbstverständlichkeiten seines Daseins. Und das sollten neben seiner Mutter und Geschwistern vor allen Dingen Menschen verschiedenen Alters sein, die ihn täglich berühren, mit ihm spielen und die menschliche Umgebung erkunden lassen.

4. SIE SELBST
Jetzt kommt es auf Sie an: Was aus dem tollen kleinen Hund werden wird, liegt an Ihnen. Denn Hunde sind wie wir Menschen Lerntiere. Sie kommen zwar mit bestimmten Anlagen zur Welt. Wie sie sich entwickeln können, hängt aber vom neuen Zuhause und der Qualität des Lehrers ab. Im Hunderudel übernehmen Eltern das Lerntraining. Das heißt für uns Menschen: Wir stehen für den Welpen zunächst in der Figur von Mutter und Vater Hund. Dabei ist der richtige Umgang mit einem Hundekind zunächst nicht besonders schwer. Wir müssen nur zwei wichtige Dinge beherzigen:

1. Durch unser immer gleiches Verhalten in bestimmten, wiederkehrenden Situationen bieten wir ihm Orientierung und das schenkt Sicherheit. Der Welpe wird sich an uns binden, lernt schnell, wird selbstbewusst und kann sich bald in der ihm noch ziemlich fremden Menschenwelt zurechtfinden.

2. Durch unsere spielerische, liebevolle und konsequente Erziehung zeigen wir dem heranwachsenden Hund immer wieder, dass wir ein „Rudelteam" sind und dass er einen Platz darin zugewiesen bekommt. Und nebenbei bringen wir unserem neuen Familienmitglied bei, was er für ein Leben in unserer Gesellschaft können muss.

Nehmen Sie sich für das erste Jahr im Leben Ihres Hundes also besonders viel Zeit. Der Lohn: Sie werden für die restlichen zehn bis 15 Jahre einen großartigen Begleiter an Ihrer Seite haben.

CHARAKTERHUNDE
Vom Apportier- bis Windhund

	Beschreibung	**Für wen geeignet?**	**Rassebeispiel**
Hütehunde [a]	Sehr lernfreudige, aktive und sensible Hunde. Das bedeutet für den Halter: Diese Rassen brauchen viel geistige Anregung und ein ausgefeiltes Training. Ansonsten können sie schnell unerwünschte oder stereotype Verhaltensweisen entwickeln.	Gut geeignet für aktive Familien, Paare oder Einzelpersonen, die Spaß am Hundesport (Agility, Flyball, Sport & Spaß etc.) und Zeit und Lust auf anspruchsvolles, niemals einseitiges Hundetraining haben. Ein „Zuviel des Guten" kann zu Hyperaktivität führen.	anspruchsvoll sind Border Collie, Australian Shepherd, Berger des Pyrénées, einfacher sind Kurz-, Langhaar, Bearded Collie
Herdenschutz-hunde [b]	Sehr eigenständige, charakterfeste Hunde. Herdenschutzhunde sollen sich eigentlich für Schaf- oder Ziegenherden verantwortlich fühlen und selbstständig Entscheidung treffen, wann die ihnen anvertrauten Tiere gegebenenfalls zu verteidigen sind. Die großen Genossen sind auffallend ruhig und nett zu den Menschen ihrer Umwelt, solange sie keine vermeintliche Gefahr entdecken. Dann könnten sie plötzlich von 0 auf 100 einen Spaziergänger am Horizont verbellen, was bei ihrer Körpergröße schnell für Missverständnisse sorgen kann.	Diese Hunde brauchen Menschen, die hundeerfahren sind, bei der Erziehung einen langen Atem & Durchsetzungsvermögen zeigen und trotzdem keinen Kadavergehorsam erwarten. Hier ist vorausschauendes Denken und schnelles Reaktionsvermögen gefragt. Durch Ersatzbeschäftigungen wie Tricktraining oder Fährtensuche können diese Hunde gut ausgelastet werden, wenn kein Haus, Hof oder eigene Herde bewacht werden soll. Kein Hund für Anfänger oder die Reihenhaussiedlung.	Maremmen-Abbruzzen-Schäferhund, Kangal, Kuvasz, Slovensky Cuvac, Mischlinge aus diesen Rassen
Jagd-, Stöber- Apportier- und Dachshunde [c]	Sehr schnelle Auffassungsgabe und ein großer Lernwille, teilweise gepaart mit einer großen Portion an Energie. Die Leidenschaft zum Stöbern, Hetzen oder Apportieren von Wild muss früh in die richtigen Bahnen gelenkt werden. Durch eine „rassegerechte" Beschäftigung (siehe rechts) können Jagdhunde aber trotz Hetzverbot auf Jogger und Hasen sehr glücklich und zufrieden werden.	Im Umgang mit Menschen sind Jagdhunde oft sehr sensibel, anhänglich und verschmust. Dadurch sind viele Jagdhunderassen heute beliebte Familienhunde. Das größte Problem bei ihnen ist ihre Jagdleidenschaft. Dieser Passion kann man am besten durch viel Bewegung und eine Ausbildung gerecht werden, die ihrer hervorragenden Nase und dem wachen Kopf viel zu tun gibt.	Labrador-, Flat Coated-, Golden Retriever, Münsterländer, Setter, Dackel, Magyar Vizsla, Weimaraner, Mischlinge aus diesen Rassen
Wachhunde [d]	Gute Lernbereitschaft, sehr anhänglich an ihre Menschen, eher verhalten bis misstrauisch gegenüber Fremden. Sobald diese Hunde jedoch merken, dass der Unbekannte von seinen Menschen freundlich begrüßt und gemocht wird, ändert er sein Verhalten: Er zeigt dann seine sehr freundliche und oft humorvolle Seite.	Menschen, die sich neben einem treuen Begleiter durchs Leben auch die Bewachung von Haus und Hof wünschen; ist dies nicht nötig, so kann der Schutztrieb durch richtige Erziehung gut kontrolliert werden. Eher nicht geeignet für Familien mit sehr kleinen Kindern und keiner Hundeerfahrung.	Riesenschnauzer, Hovawart, Dobermann, Boxer, Dogge, Rottweiler, Schäferhund, Mischlinge aus diesen Rassen

BUNTE HUNDE

	Beschreibung	Für wen geeignet?	Rassebeispiel	
Gesellschaftshunde, „Schoßhund" [e]	Diese Hunde zeichnen sich durch ihre kleine Größe, großen Köpfe, Knopfaugen und einen ausgeprägten Charakter aus. Deshalb sollte man die kleinen Kerle nicht unterschätzen: Sie können eine Menge lernen und zeigen oft großen Mut, wenn es darum geht, ihren Besitz zu verteidigen.	Meist sehr freundliche und fröhliche kleine Hunde, deshalb können sie überall leben und mit hingenommen werden. Doch trotz ihrer niedlichen Optik wollen die kleinen Clowns nicht als Accessoire oder „Spielzeug" angesehen, sondern unbedingt als Hund ernst genommen werden.	Chihuahua, Pekingese, Zwergpudel, Mops	
Windhunde [f]	Diese sensiblen Hunde brauchen einen ruhigen, erfahrenen Besitzer. Sie sind klassische „Ein-Mann-Hunde" und haben einen enorm großen Bewegungsdrang und ausgeprägten Jagdtrieb.	Sehr umgängliche, sanfte Hunde – wenn ihnen ausreichend körperliche und geistige Beschäftigung geboten wird. Ist das nicht der Fall, können sie wild und ungebändigt wirken.	Whippet, Afghane, Saluki, Irischer Wolfshund	
Hunde vom Urtyp [g]	Sehr arbeitsfreudige Hunde mit schneller Auffassungsgabe. Sie lieben es, im Team zu arbeiten oder lange an der frischen Luft unterwegs zu sein – am besten mit vielen anderen Hunden und Menschen.	Menschen, die sich gerne und viel bewegen. Besonders Huskys brauchen eine Ausbildung, die über den Grundgehorsam hinausgeht und sie körperlich und geistig fordert – z. B. als Zughund.	alle Schlittenhunde, Spitz, Chow Chow, Eurasier	
Laufhunde [h]	Wie der Name schon andeutet, haben diese Hunde einen großen Bewegungsdrang, dem wir unbedingt gerecht werden sollten. Laufhunde werden im Jagdwesen immer noch viel als Meutehunde eingesetzt. Durch ihre erwünschte Selbstständigkeit müssen sie mit Geduld und besonders viel Konsequenz erzogen werden, damit das Zusammenleben problemlos klappt.	Besonders Beagle und Rhodesian Ridgeback brauchen souveräne Menschen mit einer klaren Vorstellung vom Ziel der Erziehung. Bei guter Bindung an ihre Menschen sehr freundliche, unkomplizierte Familienhunde.	Dalmatiner, Rhodesian Ridgeback, Beagle, Basset	
Terrier [i]	Diese Hunde sind meist energiegeladen, intelligent und sehr selbstsicher. Sie brauchen neben viel Bewegung eine besonders gute Ausbildung, damit sie nicht aus Langeweile auf eigene Faust die Welt entdecken gehen.	Menschen, die sich viel Zeit für ihren Hund nehmen, ihn an ihrem Alltag teilhaben lassen können und selbstbewusst sind. Terrier binden sich stark an einen Menschen, der sich viel mit ihnen beschäftigt und weiß, was er möchte. Fühlen sie sich nicht angenommen, bekommen nicht genügend Beschäftigung und keine Orientierung geboten, suchen sie sich selber eine Aufgabe wie z. B. schüchterne Hunde unterwerfen oder Hasen jagen.	Airdale-, Irish Soft Coated wheaten-, Jack Russel-, Parson Russel-, American Staffordshire-, Irish Terrier	

BUNTE HUNDE

KLASSE RASSE
Auf den Züchter kommt es an

Sie haben sich für eine Rasse entschieden? Dann beginnt jetzt die Suche nach dem besten Züchter. Planen Sie dafür viel Zeit ein, denn besonders Modehunde werden wegen der großen Nachfrage oft in Massen gezüchtet.

DER PASSENDE ZÜCHTER

Lassen Sie die Finger von Zeitungsannoncen, die mit billigen Rassewelpen werben oder Züchtern, die schon am Telefon viele günstige Welpen aus unterschiedlichen Würfen anpreisen und evtl. auch mehrere Rassen haben. Das kann nur bedeuten: Hier will jemand mit wenig Aufwand viel Geld verdienen. Billig zahlt sich nicht aus – das werden Sie spätestens dann merken, wenn Sie Ihre Freizeit beim Tierarzt verbringen.

Züchterwahl

Den guten Züchter erkennen Sie sofort, weil er sich mit Liebe und Leidenschaft um „seine" Rasse kümmert, beim VDH (Verband für das Deutsche Hundewesen) registriert und in einem ihm angeschlossenen Rassezuchtverein Mitglied ist. Die Züchter des VDH müssen sich an Zuchtrichtlinien halten, die das Ziel haben, die Gesundheit und das Wesen der Rasse zu erhalten. Diese Auflagen müssen vom Züchter erfüllt werden:

- Er hat nur wenige aktive Zuchthündinnen, die zwischen den Würfen eine Deckpause von mindestens einem Jahr einlegen, und stets nur einen Wurf, damit er diesen mit viel Zeiteinsatz betreuen kann.
- Die Hunde werden im Haus gehalten, so dass sie mit viel Kontakt zu uns, unseren Alltagsgeräuschen und -gewohnheiten aufwachsen.
- Die Elterntiere sind auf Wesensfestigkeit und Gesundheit (z. B. Hüftgelenksdysplasie) geprüft.
- Die „Verpaarung" wurde vom Zuchtverband offiziell bestätigt, damit die Elterntiere nicht zu eng miteinander verwandt sind.

CHECK
ANRUF BEIM ZÜCHTER

Damit Sie keine wichtige Frage vergessen, schreiben Sie vor dem ersten Telefonat besser eine „Liste", die Sie dann Punkt für Punkt durchgehen können:

- [ ] Ist der Züchter Mitglied im VDH und einem Rassehundeverein?
- [ ] Welchen Prüfungen wurden die Elterntiere vor der Zuchtzulassung unterzogen (Wesenstest, Arbeitsprüfung, Gesundheitscheck)?
- [ ] Wie viele aktive Zuchthündinnen hat er und wie lange ist die Deckpause der Hündinnen?
- [ ] Wie viele Würfe betreut der Züchter im Jahr?
- [ ] Werden die Welpen im Haus geboren und leben dort bis zur Abgabe?
- [ ] Haben sie regelmäßig Kontakt zu Kindern unterschiedlichen Alters?
- [ ] Unternehmen sie ab einem bestimmten Alter auch Ausflüge in die Natur?
- [ ] Leben auch die alten Zuchthunde noch mit im Haus?

Ein guter Züchter weiß neugierige, freundliche Frager zu schätzen. Das signalisiert ihm nämlich, dass Sie sich ausgiebig auf Ihre Verantwortung als Hundehalter vorbereiten. Und damit liegen Sie als Bewerber für einen seiner kostbaren Welpen schon mal gut mit im Rennen. Bei einem Welpen solch einer guten Zucht sollten Sie sich von vornherein auf einen Preis zwischen 800 –1.300 Euro einstellen. Das ist viel Geld, aber dafür können Sie sich hier einigermaßen sicher sein, dass der Hund nicht nur das Aussehen hat, sondern auch gesund ist und die erwünschten Eigenschaften mitbringt, für die Sie sich bei dieser Rasse so begeistern konnten.

VOM GUTEN UMGANG MIT ZÜCHTERN

Wer viel Aufwand für wunderbare Welpen betreibt, ist natürlich auch wählerisch, was die Auswahl der Bewerber für „seine Hundekinder" betrifft. Bitte reagieren Sie deshalb nicht beleidigt, wenn der Züchter wiederum viele persönliche Fragen an Sie und Ihr Lebensumfeld stellt. Nehmen Sie dies besser als weiteren Hinweis dafür, dass Sie hier den richtigen Züchter für Ihr Hundekind gefunden haben: Nämlich einen, dem auch das zukünftige Wohlergehen seiner Welpen mehr am Herzen liegt als ein sicheres Verkaufsgeschäft.

DAS IST *wirklich* WICHTIG

[a] KINDERSTUBE Eine ruhige und liebevolle Umwelt, die täglich die Sinne Ihres Welpen mit Eindrücken anregt und ihn so optimal auf ein Leben unter Menschen vorbereitet, ist die beste Basis für ein glückliches Hundeleben.

[b] GUT INFORMIERT Achten Sie beim Kauf eines Rassehundebuches darauf, dass die Hunde nicht nur im besten Licht dargestellt werden. Ein verantwortungsvoller Autor beschreibt ehrlich, für welche Lebenssituationen, Persönlichkeiten und Ansprüche die einzelnen Hundetypen geeignet sind.

DAS IST *wirklich* WICHTIG

[a] KLARER KOPF Kaufen Sie nicht aus Mitleid einen Welpen. Damit könnten Sie womöglich nur den Besitzer darin unterstützen, einen neuen Wurf zu wagen. Bei deutlich tierschutzwidrigen Haltungsbedingungen informieren Sie das nächste Tierheim. Hier gilt: weggehen aber nicht wegsehen.

[b] GESUNDHEIT Mischlinge sind nicht unbedingt gesünder oder werden älter als Rassehunde. Entscheidend ist auch bei ihnen ein gutes Erbmaterial, das ihnen ihre Eltern mit auf den Hundelebensweg geben.

MISCHLINGSHUND
Überraschungspaket mit viel Charme

Ob Senfhund, Van der Straat, Spitzgedackelterschäfermops oder Bahomi (Bauernhofmix) – auch bei „Kindern der Liebe" sorgt ein gutes Elternhaus mit engem Kontakt zu Menschen für den perfekten Start ins Hundeleben.

DIE MISCHUNG MACHTS

Für Sie soll es nicht nur eine Rasse, sondern gleich ein bisschen mehr sein? Dann sind Sie mit einem Mischling gut beraten. Doch beachten Sie: Bei den kleinen Unikaten weiß man vorher nie, wie der fertige Hund aussehen wird. Und auch das Elternhaus spielt eine wichtige Rolle, denn die Eigenschaften der Rassen von Mutter und Vater Hund werden sich mit ziemlich großer Wahrscheinlichkeit im Wesen Ihres Hundes widerspiegeln. Ansonsten gelten beim Besuch des Mischlingswurfes die gleichen Regeln wie beim Zuchtprofi (siehe S. 22).

WARUM EIN GUTES ZUHAUSE SO WICHTIG IST

Hat ein Welpe in den ersten Wochen seines Lebens keinen oder nur wenig Kontakt zu Menschen, wird sogar weggesperrt, weil er „ja so viel Dreck und Unordnung macht", dann lernt er weder Menschen als Bindungspartner noch unsere Alltagswelt kennen. Viele dieser Hunde können später eine gewisse Scheu uns, Staubsaugern oder Autos gegenüber ihr Hundeleben lang nicht mehr ablegen. Kommt ein Hundebaby hingegen in dieser wichtigen ersten Zeit mit vielen netten Menschen aller Altersstufen und allen Alltagsgeräuschen in intensiven Kontakt, dann ist die beste Basis für eine enge Bindung und viel Vertrautheit geschaffen.

Die ersten Eindrücke im Leben eines Welpen können ihn für sein Leben beeinflussen. Deshalb achten Sie genau darauf:
- Wie verhält sich die Mutterhündin gegenüber dem Besuch? Ist sie entspannt im Umgang mit „ihren" Menschen?
- Sind die Welpen fröhlich und verspielt?
- Werden die Tiere gut gefüttert und sind sie bereits geimpft und entwurmt worden?
- Besteht vielleicht die Möglichkeit, auch den Vater der Welpen kennenzulernen? Bei einem Mischlingswelpen sollten Sie unbedingt versuchen, beide Elterntiere zu sehen. Nur so können Sie sich ungefähr ein Bild davon machen, wie Ihr Hund später aussehen, welches Wesen und Temperament er haben wird und ob diese „Mischung" zu Ihnen und Ihrem Leben passt.

SO SEHEN GESUNDE WELPEN AUS

Egal, ob Rasse oder Mischling: Welpen müssen gesund aussehen. Sie sollten einen klaren, wachen Blick und nicht tränende oder gar verklebte Augen haben. Dicke, pralle Bäuche können ein Hinweis auf Wurmbefall sein. Fragen Sie den Züchter nach der Gesundheitsvorsorge: Ein verantwortungsvoller Züchter führt bei seinen Hunden ab der zweiten Lebenswoche regelmäßig Wurmkuren durch, kurz vor der Vermittlung mit acht Wochen lässt er einen Gesundheitscheck vom Tierarzt inklusive der ersten Impfung machen. Streicheln Sie die Hunde: Das Fell sollte weich und seidig und nicht stumpf, verklebt und dreckig sein. Beobachten Sie die Hunde: Sind Sie neugierig und verspielt? Oder versammeln sie sich ängstlich in einer Ecke und starren zu Ihnen hinüber? Das wäre ein Hinweis auf eine nicht gelungene Prägung auf Menschen und Sie sollten lieber gehen und sich einen anderen Züchter suchen.

BUNTE HUNDE

QUAL DER WAHL
Welcher Hund passt zu mir?

Jetzt kommt eine besonders schwierige Aufgabe auf Sie zu: Sie müssen aus dem Haufen süßer Welpen den richtigen, „Ihren" Hund aussuchen. Die beste Entscheidung gelingt uns, wenn wir die wilde Horde einmal genauer beobachten.

CHARAKTERTYPEN

Oft entscheiden wir uns für einen Hund, weil er eine lustige Fellzeichnung hat oder sein Benehmen besonders entzückend ist. Das sind verständliche Auswahlkriterien. Aber wir sollten auf viel mehr achten, denn bei Hunden können wir schon zu Welpenzeiten drei grobe Persönlichkeitstypen unterscheiden: Da gibt es die wagemutige Fraktion, die sich mit Alarm auf jedes neue Abenteuer stürzt. Die breite Mitte zieht es vor, die anderen erst mal gucken zu lassen, und entscheidet dann, ob die neue Situation ungefährlich ist. Schließlich gibt es die eher schüchtern Veranlagten, die es generell vorziehen, sich im Hintergrund zu halten und von dort das Geschehen zu beobachten. Diese Grund-Charaktere kommen Ihnen bekannt vor? Kein Wunder, man findet sie bei allen Lebewesen, die in sozialen Gruppen leben – inklusive uns Menschen. Dabei gilt bei Mensch-Hund-Beziehungen, was Paartherapeuten für uns Menschen immer wieder bestätigen konnten: Am innigsten und stabilsten sind Verbindungen, bei denen sich die Charaktere und ihre Erwartungen ans gemeinsame Leben gleichen. Diese „soziale Passung" sollten wir also auch bei der Welpenwahl im Blick behalten: Wenn Sie selber ein eher ruhiger Zeitgenosse sind, sollten Sie sich besser nicht den größten Rabauken des Wurfes wählen. Und als abenteuerlustigem Gesellen, der den Hund mit auf eine Weltumsegelung nehmen möchte, würde ich Ihnen eher eine unerschrockene Hundeseele empfehlen.

Drei Besuche geben Überblick
Damit Sie sich mit Ihrer Entscheidung sicher fühlen, planen Sie möglichst drei Besuche beim Züchter ein. Den ersten, um die Zuchtbedingungen und Elterntiere genauer unter die Lupe zu nehmen. Der zweite lohnt sich, wenn die Welpen ungefähr sechs bis sieben Wochen alt sind. Jetzt zeigen sich erste Persönlichkeitsmerkmale bei den Hundekindern und Sie können einen kleinen Persönlichkeitstest durchführen (siehe S. 29). Mit dem Rat des Hündinnenbesitzers oder Züchters im Rücken, können Sie so den richtigen Welpen für sich aussuchen. Beim dritten Besuch ist es dann endlich so weit: Sie dürfen das Hundebaby mit nach Hause nehmen.

AUF DEN ZÜCHTER HÖREN

Natürlich sind die Ergebnisse solcher Beobachtungen oder eines Persönlichkeitstests auch tagesformabhängig. Deshalb ist es genauso wichtig, Ihre Eindrücke mit den Erfahrungen des Züchters abzugleichen. Ein guter Züchter verbringt viel Zeit bei seinen Hunden und kann meist schöne Geschichten zu den einzelnen Persönlichkeiten erzählen. Hören Sie gut zu, was er über Ihre Nummer eins, zwei und drei zu erzählen hat. Er wird sich gerne Zeit für Sie nehmen, denn es ist auch in seinem Interesse, dass er für jeden „Topf den passenden Deckel" findet.

DAS IST *wirklich* WICHTIG

[a] SPIEGELBILD Rabauken und Mauerblümchen gibt es auch bei Hunden – prüfen Sie genau, welcher Typ zu Ihnen passt.

[b] NEUGIERIG Gesunde, gut geprägte Welpen wollen neue Menschen sofort kennenlernen.

[c] KLASSENKASPER Forsche, freche Typen sind bei Welpenanwärtern meist besonders beliebt. Diese kecken Kerle brauchen kluge Hundeleute mit klaren Regeln!

DAS IST *wirklich* WICHTIG

[a] ENTDECKERHERZ Ich gehe vor, die tapfere Madame folgt nach und erkundet wacker die knisternde Folie. Dieser Hund orientiert sich gut am Menschen und ist aufgeschlossen gegenüber neuen Erlebnissen.

[b] NEUGIER Guten Tag, wer bist du? Die Rute hoch, der Blick zu mir: Hier möchte jemand mehr über mich wissen und ist bestimmt bald bereit zum Pferdestehlen.

[c] VORSICHT Ein unbekanntes Geräusch – dieser Welpe sucht Schutz und schaut von dort erst einmal abwartend, was als Nächstes passieren wird.

[d] MUTIG Welpen können sich in ähnlichen Situationen sehr unterschiedlich verhalten. Doch durch Erlebnisse und unsere liebevolle Führung, kann sich das Wesen noch verändern.

PERSÖNLICHKEIT
Tests für Welpen

Damit wir die einzelnen Persönlichkeiten besser kennenlernen, können wir einen Versuch durchführen: Platzieren Sie ein ungewohntes Objekt (z. B. ein großes Gummitier oder einen aufgespannten Regenschirm) plötzlich und unvorbereitet unter den Welpen. Die Untersuchung können Sie sofort selber auswerten.

DIE MUTIGEN

Sie sind die ersten am Objekt. Doch was so heldenhaft klingt, kann auch Nachteile mit sich bringen: Diese Hunde stürzen sich gerne in waghalsige Abenteuer und gehen selten einer Rauferei aus dem Weg. Im Zusammenleben mit uns möchten Sie oft ganz genau wissen, ob man uns als Rudelführer ernst nehmen kann. Sie testen deshalb immer wieder und gerne aus, ob Sie sich mit Ihren Hausregeln (siehe S. 48) wirklich sicher sind – oder ob man sie nicht doch ändern könnte? Das heißt: Diese Kandidaten brauchen eine erfahrene, besonders konsequente Erziehung, damit sie sich zu glücklichen, unkomplizierten Hunden entwickeln können.

DIE ABWÄGENDEN

Außerdem heißt mutig manchmal auch nicht gleich schlau: Denn wer sich schnell in Gefahr begibt, lebt gefährlich. Die Devise der breiten Mitte des Wurfes lautet deshalb: Abwarten und erst dann kommen, wenn sich das neue Objekt als ungefährlich herausgestellt hat. Diese Hunde sind meist umgängliche Gesellen, die kein Problem mit feststehenden Regeln haben, wenn ihnen diese vorher geduldig, einfühlsam aber klar erklärt wurden. Sie lernen schnell und gehen Ärger auf der Hundewiese lieber aus dem Weg.

DIE VORSICHTIGEN

Die letzten Erforscher am neuen Objekt werden sich ihr Hundeleben lang wahrscheinlich gerne von den hinteren Reihen das Geschehen ansehen, bevor sie in Erscheinung treten. Sie passen hervorragend zu Menschen, die selber nicht das Bedürfnis haben, sich ständig vor anderen behaupten zu müssen. Bietet man ihnen keine Sicherheit, ist zu hart im Umgang oder sie erleben unschöne Situationen auf der Hundewiese, können sie schnell Ängste entwickeln. Macht ein schüchterner Hund zu viele negative Erfahrungen mit Artgenossen, kann sich die Strategie „Angriff ist die beste Verteidigung" hier schnell durchsetzen und Sie bekommen den klassischen Angstbeißer. Bei einfühlsamer Erziehung und Sozialisierung kann auch aus diesen Kerlen ein Freund zum Pferdestehlen werden. Meist haben sie auch mit Ruhe kein Problem und versuchen Auseinandersetzungen mit Artgenossen geschickt zu verhindern.

PERSÖNLICHKEITSTEST

Überprüfen Sie die Ergebnisse Ihrer Studie, indem Sie sich Ihre Wunschkandidaten einzeln vorknöpfen: Spielen Sie lange und ausgiebig mit ihnen. Sobald Sie das Gefühl haben, dass der Welpe Sie kennt und Ihnen ein wenig vertraut, drehen Sie ihn plötzlich im Spiel ganz sanft auf den Rücken und halten ihn kurze Zeit in dieser Position. Dabei reden Sie freundlich mit dem überraschten Hund, damit er keine Panik bekommt.

- Die Mutigen: Die besonders forschen Versuchskaninchen werden schnell versuchen, sich aus dieser unangenehmen Position zu winden, im schlimmsten Fall werden sie nach Ihrer Hand schnappen.
- Die Abwägenden: Die meisten Hundewelpen sollten sich jedoch für eine vertrauensvoll abwartende Haltung entscheiden und mit leicht eingeklemmter Ruhe liegen bleiben. Sie werden mit Sicherheit in ihrem Hundeleben keine großen Probleme damit haben, die Autorität anderer Hunde oder Menschen schnell anzuerkennen.
- Die Vorsichtigen: Wenn Sie sich in ein eher schüchternes Hundekind verguckt haben, wird sich dieses wahrscheinlich still und etwas unglücklich mit leicht eingeklemmter Rute in sein Schicksal ergeben, bis Sie es wieder freigeben, oder in Panik versuchen, freizukommen. Diese Hunde brauchen eine sichere Führung durch Menschen, damit sie sich zu selbstbewussten Persönlichkeiten entwickeln.

Bitte bedenken Sie: Die Ergebnisse eines solchen „Tests" können auch tagesformabhängig sein. Auch Lebenserfahrungen können die Entwicklung der Persönlichkeit beeinflussen. Wie sich der Welpe weiter entwickelt, hängt deshalb auch stark von den Erlebnissen im späteren Leben ab.

TIERHEIMHUNDE
Warten auf ein Happy End

Im Tierheim hoffen viele prächtige Hundekumpel auf eine zweite Chance. Einen von ihnen bei sich aufzunehmen, sollte sich deshalb jeder überlegen, der schon etwas Erfahrung im Umgang mit Hunden hat.

VERTRAUEN SCHAFFT BINDUNG

Verhaltensforscher aus Budapest wollten herausfinden, wie schnell sich ein Tierheimhund an einen Menschen neu binden kann. Dazu besuchte ein Mitarbeiter die Hunde für jeweils 10 Minuten und spielte intensiv mit ihnen.

Das Ergebnis: Nach drei Besuchseinheiten entwickelte sich bereits eine Bindung. Wie die Forscher das messen konnten? Nach dem dritten Besuch entfernten sie die „vertraute" Person aus dem Raum und ließen einen „Fremden" hinein. Alle Tierheimwaisen interessierten sich überhaupt nicht für die Spielangebote des neuen Menschen, sondern kratzten an der Tür, hinter der ihr „neuer Freund" verschwunden war. Hunde aus dem Tierheim können also vielen Vorurteilen zum Trotz enge Freundschaften zu neuen Menschen schließen.

DER ERSTE GEMEINSAME WEG

Haben Sie sich für einen Hund entschieden, lohnt sich mit dem Glückspilz ein langer Spaziergang über das Tierheimgelände. Bitte beachten Sie dabei:

- Der Hund wird wahrscheinlich enorm aufgeregt über den unerwarteten Freigang sein. Verzeihen Sie ihm deshalb jedes Leinengezerre und Desinteresse an Ihrer Person. Keine Angst: Nach einiger Zeit wird er langsam den Menschen am anderen Ende der Leine wahrnehmen und Sie können ihn gezielt ansprechen.
- Testen Sie nicht sofort den Erziehungsstand Ihres Wunschkandidaten. Der Hund kennt Sie noch nicht und wird wahrscheinlich viel zu abgelenkt sein, um auf irgendwelche Erziehungsmaßnahmen richtig reagieren zu können. Besser: Fragen Sie die Pfleger nach dem Ausbildungsniveau des Tieres.

DIE FAMILIE MUSS WARTEN Für Eltern lohnt es sich, mindestens zwei Besuche im Tierheim einzuplanen: den ersten ohne, den zweiten mit Kindern. Der Grund: Meist springt der Funke sofort über und die Kinder wollen den neuen Kumpel gleich mit nach Hause nehmen. Sparen Sie sich den Besuch mit Kindern also lieber auf, bis Sie genug Zeit hatten, den richtigen Hund zu finden, ihn in Ruhe kennenzulernen, und Sie sich mit Ihrer Wahl ganz sicher sind. Bei dem Besuch mit Anhang können Sie sich dann ganz darauf konzentrieren, wie der Hund auf den Rest seines neuen Rudels reagiert.

DAS IST *wirklich* WICHTIG

[a] RAT Sprechen Sie einen Pfleger an: Er kann meist viel über die einzelnen Tiere erzählen und Sie beraten, welcher Kandidat am besten zu Ihnen, Ihrer Hundeerfahrung und Lebenssituation passt.

[b] INTUITION Vertrauen Sie neben diesen wichtigen Informationen auch Ihrer Intuition. Bei Hunden ist es wie mit Menschen: Manche sind uns sofort sympathisch und wir öffnen ihnen unser Herz. Hunden geht es da nicht anders: „Die Chemie muss stimmen".

ZWEI KATEGORIEN VON TIERHEIMHUNDEN
1. Fundhunde: Diese wurden von Privatmenschen oder der Polizei irgendwo gefunden. Ihr großer Nachteil: Sie haben keine Geschichte, keinen Namen, niemand kennt ihre Stärken und Schwächen und deshalb sind sie nicht so leicht vermittelbar.
2. Abgabehunde: Ihre alten Besitzer haben bei der Abgabe wichtige Eigenschaften wie Kinderfreundlichkeit, Ausbildungsstand und etwaige Macken angegeben. Das erleichtert es dem Tierheim ungemein, das passende neue Zuhause für den Hund zu finden.

ZWEITE CHANCE
10 Tipps für die erste Zeit

Mit Ihrer „Befreiungsaktion" befinden Sie sich in einer günstigen Startposition: Sie sind zum ganz persönlichen Helden für diesen Hund geworden. Nutzen Sie die Gunst der Stunde und präsentieren Sie sich als zuverlässiger Freund, der ihm Sicherheit und Orientierung durch sein neues Leben bietet.

1. NEHMEN SIE URLAUB

Nur so können Sie sich in den ersten Tagen auf den Neuankömmling konzentrieren und sich gut kennenlernen. Versuchen Sie sich dabei so zu verhalten, als sei seine Anwesenheit ganz normal. Der Grund: Wenn Sie den Hund ständig unsicher fixieren, um zu sehen, wie es ihm wohl gerade geht, könnten Sie damit seine Unsicherheit noch vergrößern.

2. NICHT NUR DER HUND IST EIN FREMDER

Sie und Ihre Angehörigen sind auch eine vollkommen fremde Gruppe Menschen für den Hund. Er wird in den ersten Tagen sehr unsicher sein, weil er alle Ihre Gewohnheiten, Alltagsgeräusche und -gerüche noch nicht kennt. Vermeiden Sie deshalb zu viel Aufregung (siehe 3.).

3. GESTALTEN SIE DIE ERSTEN TAGE RUHIG UND GLEICHMÄSSIG,

damit er Ihren Alltag kennenlernt und sich besser orientieren kann. Feiern Sie also bitte keine Willkommensparty mit allen Freunden, Nachbarn und Verwandten. Gönnen Sie ihm lieber viel Zeit und Ruhe, um die Wohnung, Umgebung, Hausregeln und den Tagesablauf in diesem „Menschen-Rudel" genau kennenlernen zu können.

4. FASSEN SIE IHN NICHT MIT SAMTHANDSCHUHEN AN

Hüten Sie sich vor zu viel Rücksichtnahme, „weil der arme Kerl ja schon so viel durchgemacht hat". Ihr Heimkind braucht jetzt eine liebevolle, aber deutliche Anleitung, damit er sich in seinem neuen Leben schnell zurechtfinden kann. Und die geben Sie ihm am besten, indem Sie von Anfang an freundlich klarstellen, was in Ihrem Haus erlaubt und was unerwünscht ist. Bleiben Sie dabei immer ruhig und gelassen, beobachten Sie genau, wie der Hund auf Ihre Stimme reagiert, und passen Sie sich ihm dabei an.

5. VERZICHT AUF EIN STRAFFES ERZIEHUNGSPROGRAMM

Mit seinem neuen Leben in Ihrer Gesellschaft hat der Hund genug Lernprogramm zu bewältigen. Am Anfang heißt das hohe Ziel deshalb: Zu einem Team zusammenwachsen. Und das erreichen Sie am besten, wenn Sie sich gegenseitig viel Zeit und Raum schenken. Mein Tipp: Machen Sie lange Spaziergänge! Spielen Sie häufig mit dem Hund, wenn er das mag. Flechten Sie ab und an wie zufällig kleine Gehorsamkeitstests in den Alltag ein. Auf diese „entspannte" Weise werden Sie schnell herausfinden können, was er kann, mag und welche Situationen ihm nicht so sehr behagen. Und nebenbei schweißt Sie jede gemeinsam verbrachte schöne (Spiel-)Stunde enger zusammen.

6. LEINENPFLICHT
Behalten Sie den Hund außerhalb geschlossener Flächen an der Leine. Die Bindung zu Ihnen ist noch nicht tief. Erschreckt sich der Hund, wird er in Panik in irgendeine Richtung davonlaufen – und das wird wahrscheinlich nicht in Ihre sein. Außerdem wissen Sie kaum etwas über den Hund: Vielleicht mag er keine Radfahrer, Katzen, Jogger usw. Die Devise lautet: Vorsicht ist besser als großer Ärger. Um alle Facetten seiner Persönlichkeit kennenzulernen, hilft nur Zeit.

7. BESUCHEN SIE EINE HUNDESCHULE
Unter der Anleitung eines erfahrenen Hundetrainers können Sie viel über die Fähigkeiten Ihres neuen Freundes lernen. Auch seine Sozialverträglichkeit lässt sich unter fachlicher Anleitung leichter testen und trainieren. Manche Tierheime haben sogar eine eigene Hundeschule und bieten an, Sie dort in der ersten Zeit mit Heimhund bei der Erziehung und allen aufkommenden Fragen zu unterstützen. Nutzen Sie dieses Angebot.

8. VERLASSENSÄNGSTE
Einige Tierheimhunde wollen und können ihre „Retter" in der ersten Zeit nicht aus den Augen lassen und folgen ihnen bisweilen sogar bis auf die Toilette. Zeigen Sie sich bei diesen Kandidaten geduldig: Ihr Hund wird bald mehr Vertrauen haben und begreifen, dass Sie nicht plötzlich für immer verschwinden, sobald Sie nur eine Tür hinter sich schließen. Beginnen Sie nach der Eingewöhnungszeit von ungefähr einem Monat damit, das „Alleinbleiben" (siehe S. 98) langsam und besonders geduldig zu trainieren.

9. WURZELN SCHLAGEN
Andere Kandidaten brauchen ein bisschen länger, bis sie sich ihren neuen Menschen richtig zugehörig fühlen. Diese Hunde trauern noch ihren alten Besitzern hinterher, oder sie haben eine enge Beziehung zu Menschen bislang nicht kennengelernt. Bedrängen Sie diese Hunde nicht mit zu viel Aufmerksamkeit. Warten Sie lieber ab, bis der Hund von alleine zu Ihnen kommt, und wenden Sie sich ihm in diesen Momenten freundlich zu. Haben Sie Geduld: Manche Freundschaften brauchen etwas länger, um zu wachsen. Aber das sind nicht selten die besten.

10. FRAGEN SIE DAS TIERHEIM UM RAT
Rufen Sie im Tierheim an, falls Sie sich mit Macken Ihres Schützlings überfordert fühlen. Hundepfleger haben viel Erfahrung und können Ihnen bestimmt weiterhelfen.

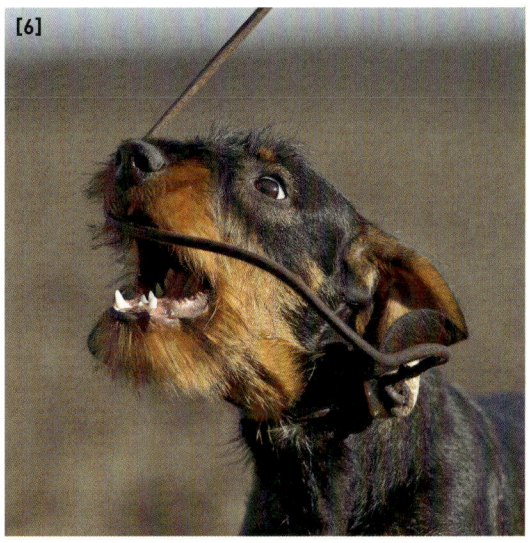
[6]

[7]

[9]

DAS IST *wirklich* WICHTIG

[a] LEBENSFREUDE Manche schwören auf ein Leben in Hundedamenbegleitung, andere suchen sich immer wieder Rüden aus. Lassen Sie Ihr Herz entscheiden und wählen Sie den Welpen, der am besten zu Ihnen passt.

[b] BEZIEHUNGSTYP Forscher haben herausgefunden, dass Rüden von Männern häufig erkundungsfreudiger sind. Gehören Rüden zu einer Frau, neigen sie eher dazu, diese verteidigen zu wollen. Hunde wissen also genau, welchem Geschlecht wir angehören und passen sich an.

[c] FREIE LIEBE Rüde und Hündin können liebevolle Lebensgemeinschaften eingehen – aber monogam sind sie nie: Hunde sind die „Hippies" der Caniden.

[d] HARMONIE Umso mehr Zeit wir zusammen verbringen, desto besser kennen wir uns. Deshalb ist Innigkeit keine Frage des Geschlechts, sondern der Vertrautheit.

HÜNDIN ODER RÜDE?
Die Entscheidung über das Geschlecht

„Hündinnen" – so heißt es oft auf Hundewiesen – „sind sanfter und leichter zu erziehen." Rüden sagt man nach, dass sie gerne Streitigkeiten vom Zaun brechen und Hausregeln regelmäßig überprüfen. Doch stimmen diese Klischees?

TATSACHE IST ...
Hündinnen werden läufig und Rüden sind theoretisch immer paarungsbereit. Doch das war es schon fast mit den Fakten, denn viele Eigenschaften, die wir gerne dem Geschlecht zuschieben, können von Hund zu Hund und nicht zuletzt Ihren Erziehungsqualitäten vollkommen auf den Kopf gestellt werden.

HÜNDINNEN
Sie werden ungefähr zwei Mal im Jahr läufig und sorgen durch fleißiges Duftmarkensetzen dafür, dass alle Rüden der Umgebung davon erfahren. Ihr Vorgarten wird dann für die nächsten drei Wochen zum Treffpunkt lustgeplagter Freier, ein Spaziergang an frischer Luft kann zum Spießrutenlauf ausarten. Neben einem dicken Nervenkostüm sollten Sie sich für diese Wochen außerdem ein „Schutzhöschen" zulegen, das verhindert, dass weiße Teppiche ein rotes Tupfenmuster bekommen. Ihre Hündin wird sensibler sein, Konzentrationsschwierigkeiten und Erinnerungslücken haben – manche von ihnen müssen lange darüber nachdenken, was „Komm" oder „Sitz" bedeutet. Haben Sie Geduld und lassen Sie Ihre Hündin in dieser Zeit an der Leine.

Läufigkeitszyklus
Der Zyklus ist mit der Läufigkeit nicht abgeschlossen – er setzt sich fort bis zum errechneten Zeitpunkt des Werfens. Deshalb kommt es bei manchen Hundedamen noch zu Zeichen einer Scheinträchtigkeit. Doch keine Angst: Nicht alle Hündinnen haben den gleichen „Sex Appeal", und bei vielen wird man kaum eine Veränderung im Verhalten in dieser Zeit erkennen. Die beschriebenen Zustände können individuell sehr unterschiedlich stark ausgeprägt sein und sich auch im Verlauf des Lebens der Hündin verändern.

RÜDEN
Die meisten unkastrierten Rüden interessieren sich für Hündinnen hauptsächlich als Spielkameradinnen und gehen zickigen Damen ganz gentlemanlike aus dem Weg. Manche werden allerdings regelrecht liebestoll, sobald sie Witterung von einer läufigen Hundedame aufgenommen haben. In diesem Fall blühen Ihnen kurze Nächte: Besonders triebhafte Rüden jaulen fast 24 Stunden am Tag ihrer (momentanen) großen Liebe hinterher. Auch tagsüber können sie von Sinnen sein und erinnern sich nicht daran, jemals mit uns Menschen kommuniziert oder Nahrung aufgenommen zu haben. Manche Rüden reagieren zudem besonders bei Liebeskummer aggressiv auf vermeintliche Konkurrenten. Aber auch hier gilt: Die Mehrheit der Rüden sind bei guter Sozialisierung friedliche und freundliche Gesellen, die auch bei einer heißen Hündin einen halbwegs klaren Kopf behalten.

STREITHÄHNE
Das Gerücht einer größeren Aggressivität unter Rüden kann nicht pauschal bestätigt werden: Sie äußert sich eben anders, genau wie bei Männern. Rüden machen viel Gehabe mit (meistens) nichts dahinter. Hündinnen gehen vielleicht seltener in die Konfrontation, dafür kann es bei ihnen eher zu Verletzungen kommen. Entsprechende Tendenzen in der Persönlichkeit eines Hundes lassen sich aber schon früh erkennen – machen Sie deshalb den Welpentest (siehe S. 29) und entscheiden Sie dann, ob ein sensibler Rüde oder eine kecke Hündin Ihr Leben teilen soll.

TOLLPATSCH
auf vier Pfoten

IN DER ZAUBERHAFTEN ZEIT MIT HUNDEBABY IST DREIERLEI GEFRAGT: VIEL GEFÜHL, EINE GUTE INTUITION UND VORBEREITUNG. DESHALB NEHMEN WIR UNS JETZT VIEL ZEIT FÜR DIE SCHÖNEN DINGE DES LEBENS, WIE KUSCHELN, RANGELN UND SPIELEN. UND GANZ NEBENBEI LERNEN WIR UNS AUF DIESE INNIGE WEISE RICHTIG GUT KENNEN.

TOLLPATSCH AUF VIER PFOTEN

VORBEREITUNG
Der Tag der Abholung naht

Sie haben den Züchter Ihres Vertrauens gefunden und aus dem Haufen süßer Hundebabys den richtigen Welpen ausgesucht? Dann heißt es jetzt, die Ankunft des neuen Familienmitgliedes gut vorzubereiten.

ZEIT FÜR DAS HUNDEKIND

Soll Ihr kluger kleiner Hund alles schnell lernen, müssen Sie viel Zeit investieren. Das heißt konkret: Den süßen Fratz bestmöglich niemals aus den Augen lassen. Nicht nur, dass er viel Unsinn anstellen wird. Damit er schnell lernen kann, was in Ihrer Welt erlaubt und verboten ist, sollten Sie immer sofort mit großer Freude oder blankem Entsetzen auf seine Aktionen im Alltag reagieren können. Und das geht naturgemäß nur, wenn Sie vor Ort sind. Planen Sie deshalb mindestens zwei Wochen Urlaub für diese erste aufregende Zeit mit Hundekind ein. Damit sich unser Welpe schnell heimisch fühlt, sollten wir in den ersten Tagen das neue Zuhause nur zu Ausflügen vor die Haustür verlassen. Das bedeutet: Fast alles, was Sie in dieser Zeit benötigen, sollten Sie schon im Haus haben.

ERZIEHUNGSPLAN

Überlegen Sie sich vorher, ob Sie Haare auf der Couch oder im Bett ertragen können, und legen Sie die Hausregeln vor seinem Einzug fest. Ganz wichtig: Stellen Sie sich jede denkbare Katastrophe in fantasievollen Bildern vor. Ich versichere Ihnen: Wenn Sie Ihren süßen Hund dann tatsächlich dabei erwischen, wie er an antiken Stuhlbeinen oder Ihren schicken neuen Pumps kaut, werden Sie gelassener richtig reagieren können. Für Familien auch sehr zu empfehlen: Berufen Sie vor dem Welpeneinzug eine „Familienkonferenz" ein (siehe S. 144).

AUSSTATTUNG FÜR DEN HUND
Halsband

Kaufen Sie ein Halsband, das sich auf seinen aktuellen Halsumfang einstellen lässt. Achten Sie darauf, dass das Halsband nicht zu eng und nicht zu locker liegt; optimal ist das „Zwei-Finger-Maß": Zwei Finger nebeneinander sollte der Hund Luft zwischen Fell und Halsband haben.

Laufleine und Geschirr

Die leichte Laufleine sollte mindestens drei Meter lang und unempfindlich sein. Der Grund: Sie soll dem Hund größtmögliche Freiheit geben, um ungezwungen mit anderen Hunden in Kontakt treten zu können. Diese Leine wird den jungen Wilden auf seinen ersten Erkundungstouren sichern. Für die Laufleine benötigen Sie noch ein Geschirr, damit kein Zug auf die empfindlichen Nackenwirbel ausgeübt wird. Damit dieses weder zwickt noch schlackert, sollten Sie es aber erst gemeinsam mit dem Welpen kaufen. Für Gassigänge entlang von Straßen können Sie sich außerdem eine richtige Welpenleine (Stadtleine) gönnen.

Kauknochen

Welpen durchleben wie Menschenbabys eine „orale Phase", in der sie alle Gegenstände ihrer Umgebung auf Konsistenz und Geschmack überprüfen müssen. Um teure Teppiche und Kinderspielzeug zu schützen, sollten wir dem großen Kaubedürfnis entgegenkommen und immer ausreichend Kaumaterial in der Vorratskammer liegen haben, z. B. Schweineohren, Rinderschultern oder Putenhälse. Zudem sollten Sie noch ausreichend Futter besorgen (siehe S. 41).

Spielzeug

Auch wenn die große, bunte Auswahl verlockend ist: Kaufen Sie nicht zu viel. Der Welpe hat sonst Schwierigkeiten, sein Spielzeug von den anderen (verbotenen) Gegenständen im Haus zu unterscheiden. Ein Ball mit Schnur und ein Zerrseil reichen aus. Ganz wichtig: Geben Sie ihm bitte keine alten Schuhe, Socken oder Plüschtiere. Welpen können nicht „alten Schuh" von „neuem Schuh" unterscheiden, wohl aber ziemlich schnell „mein Spielball" von „Schuh vom Chef". Machen Sie es ihm leicht: Trennen Sie Hundespielzeug von menschlichen Gebrauchsgegenständen. Abzuraten ist von Quietschtieren: Sie können nicht nur nerven, sondern auch die Freude daran fördern, auf etwas zu beißen, das hohe Töne erzeugt – keine gute erste Erfahrung für Hunde.

DAS IST *wirklich* WICHTIG

[a] FUSSBALL ZERKAUT & LEGOSCHIFF ZERLEGT? Damit Kinder sich ernst genommen fühlen, sollten Sie regelmäßig festhalten, was im Zusammenleben mit Hund besser werden soll und wie Sie dies gemeinsam erreichen können.

[b] DER WELPE IST DA! Kinder können sich kaum bremsen und möchten spielen und miterziehen. Damit das den Welpe nicht verwirrt und er sich im Familienleben schneller orientieren kann, helfen Regeln, die vor seinem Einzug festgelegt werden. Mehr dazu erfahren Sie im Kapitel „Kind und Hund" ab Seite 138.

WELPENFUTTER
Was kommt in den Napf?

Welpen verwandeln sich im ersten Lebensjahr von einem blinden, fiependen Kriechwesen zum agilen, ausgewachsenen Hund. Für diese kurze und intensive Wachstumsphase brauchen sie eine ganz besondere Ernährung.

FUTTER FÜR RIESEN & ZWERGE

Im Zuge der Domestikation wurden Hunde in zwei radikale Richtungen gezüchtet: zu Riesen- und Zwergrassen. Das hat Folgen für die Knochenentwicklung und den Nährstoffbedarf während der Wachstumsphase. So wachsen die Giganten der Hundewelt am Anfang sehr schnell, dafür aber bis zu ein Jahr länger als mittelgroße Hunde, die mit 12 Monaten ausgewachsen sind. Kleine Rassen sind dagegen meist schon mit neun Monaten fertig entwickelt und geschlechtsreif. Die Minis brauchen deshalb mehr Energie und ein anderes Kalzium-Phosphor-Verhältnis im Futter als gleichalte Artgenossen größerer Rassen. Speziell abgestimmte Welpennahrung nach Größenkategorien ist deshalb kein Marketing-Gag, sondern macht Sinn für extreme Typen.

EXPERTEN FRAGEN

Sprechen Sie mit Ihrem Züchter oder Tierarzt über die Vor- und Nachteile verschiedener Fütterungsmöglichkeiten. Generell gilt: Fertigfutter für Welpen wurde speziell auf die besonderen Bedürfnisse dieser Lebensphase abgestimmt. Wer genau wissen möchte, welche Bestandteile im Hundefutter enthalten sind, und kein Vertrauen in Fertigkost hat, muss selber zum Kochlöffel greifen. Das sollten Sie aber nur dann tun, wenn Sie ausreichend Zeit haben, die speziellen Ernährungsbedürfnisse Ihres Welpen zu studieren. Informieren können Sie sich über Bücher zum Thema, gleichzeitig sollten Sie sich professionelle Unterstützung von Tierernährungsberatern holen. Diese Fachtierärzte für Tierernährung und Diätetik stellen Ihnen individuell abgestimmte Rezepte zum Nachkochen zusammen, in denen alle Nährstoffe in richtigen Anteilen errechnet wurden (Adressen siehe S. 158).

DAS GEWOHNTE FUTTER

Geben Sie dem Welpen nach der Ankunft im neuen Zuhause aber zunächst das Futter weiter, mit dem er beim Züchter groß geworden ist. Der junge Hund hat schon genug Veränderungen zu verkraften. Darauf sollten wir Rücksicht nehmen und ihm in den ersten Wochen gönnen, dass wenigstens sein Futter noch vertraut schmeckt. Dann können Sie anfangen, den Welpen an das Futter Ihrer Wahl zu gewöhnen. Mischen Sie zuerst ein Viertel der neuen unter die alte Sorte. Der Anteil des neuen Futters wird dann über sieben bis zehn Tage hinweg immer weiter gesteigert, während das alte Futter entsprechend weggelassen wird.

FUTTERZEITEN

Im ersten halben Jahr braucht der Welpe sein Futter auf vier bis sechs Einzelrationen am Tag verteilt. Dann können Sie die Mahlzeiten langsam auf zwei bis drei Portionen reduzieren. Wilde Tobespiele sollten Sie nach dem Fressen vermeiden.

FRESSRITUALE

Lassen Sie den Welpen beim Fressen bitte nicht alleine. Der arme Kerl hat bislang immer zusammen mit seinen Geschwistern gespeist. Einsame Stille beim Fressen kennt er nicht, und es ist auch wichtig, dass die Gegenwart anderer Lebewesen bei der Nahrungsaufnahme für ihn normal bleibt. Sobald der Welpe „Sitz" und „Bleib" kennt, darf er erst auf Ihre Erlaubnis zum Napf springen. Später können unter Ihrer Aufsicht auch Kinder diese „Fress-Eraubnis" erteilen. Noch eine kleine Übung: Nehmen Sie ungefähr einmal pro Tag dem kleinen Hund sein Fressen weg, betrachten es kurz, loben ihn und stellen es dann wieder vor ihn hin. Der Hintergrund: Bei Hunden gibt es keine Futterrangordnung, auch wenn dies immer noch behauptet wird. Deshalb wird eigenes Fressen auch gegenüber dem Chef verteidigt. Es ist sehr wichtig, dass Hunde lernen: diese Regel gilt unter Menschen nicht! Wir müssen immer an sein Futter dürfen. Mit dieser Übung vermeiden Sie von vornherein, dass der Hund die Futterschüssel als sein alleiniges Heiligtum ansieht und gefährliche Situationen entstehen könnten. Wichtig: Bei älteren Tierheimhunden und erwachsenen Hunden müssen Sie mit diesen Übungen vorsichtig sein – manche dulden keinen in der Nähe ihrer Schüssel. Üben Sie nach der Eingewöhnungsphase und den ersten Hundeschulstunden hier zunächst nur das Warten und Bleiben, bevor Sie ihn an sein Fressen lassen.

TOLLPATSCH AUF VIER PFOTEN

FUTTER-TABELLE
Wege zur ausgewogenen Ernährung

	VORTEILE	NACHTEILE	DAS PASST ZU …
ROHFÜTTERUNG („BARFEN") oder SELBERKOCHEN	• Sie kaufen selber ein und wissen dadurch genau, was der Hund im Napf liegen hat. • Fleisch ist lecker, deshalb lieben die meisten Hunde selber zubereitetes Futter. • Ob groß, klein, dick, dünn, träge oder lebhaft: Hier können Sie den individuellen Bedürfnissen Ihres Hundes am besten gerecht werden.	• Sie brauchen besonders in der ersten Zeit oder Wachstumsphase des Welpen eine exakte Rationsberechnung durch einen Experten, damit die Nährstoffzusammenstellung wirklich passt. • Für den Einkauf und die Zubereitung müssen Sie Geld und Zeit einplanen. • Sie müssen sich viel Wissen aneignen, damit der Hund gut versorgt wird.	• Hunden, die Trockenfutter wenig abgewinnen können oder von Futtermittelallergien geplagt werden. • Hundehaltern, die am Kochen Spaß haben und gerne viel Zeit investieren. • Menschen mit Misstrauen gegenüber der Fertigfutterindustrie. Adressen von einigen Universitäten, die Futter-Rationsberechnungen anbieten, finden Sie im Anhang.
DOSENFUTTER	• Keine Konservierungsstoffe nötig, da der Inhalt hitzebehandelt wurde. • Viele Hunde finden Dosenfutter leckerer als Trockenfutter. • Hochwertige Produkte haben meist eine bessere Proteinqualität als Trockenfutter. • Dosenfutter ist sehr lange haltbar.	• Im Vergleich zu Trockenfutter relativ teuer. • Mühsame, sperrige Einkaufsprozedur und Lagerung. • Bis zu 80 Prozent Wassergehalt pro Dose werden mitbezahlt. • Große Hunde brauchen mehrere Dosen am Tag und bekommen davon manchmal Durchfall.	• mäkeligen großen sowie kleinen und mittelgroßen Hunden. • Hundehaltern, die gerne etwas mehr bezahlen, wenn es dem Hund dafür besser schmeckt.
TROCKENFUTTER	• Besonders für große Hunde, die besonders viele Dosen pro Tag bräuchten, ist dies eine preiswerte und praktische Lösung. • Die Brocken verderben nicht so schnell und können deshalb längere Zeit im Napf liegen bleiben. • Praktische und schnelle Futtermethode und unkomplizierte Lagerung.	• Manche Hunde essen Trockenfutter mit wenig Begeisterung. • Sparen lohnt sich oft nicht, weil die billigen Produkte manchmal durch einen hohen Kohlenhydratanteil und eine geringe Proteinqualität eine weniger effektive Verdaulichkeit haben.	• Menschen, die fürs Füttern wenig Zeit und Lust übrig haben. • allen Hundetypen, denn alle können Trockenfutter fressen. • Haltern von Riesenrassen, da die Anschaffung unkompliziert ist und das Futter lange hält.

DAS IST *wirklich* WICHTIG

[a] SINNLICHES SCHMAUSEN Egal für welche Futtermethode Sie sich entscheiden: gönnen Sie Ihrem Hund hin und wieder das Kauen an einem echten Stück Fleisch, einem stinkenden Pansen oder einem Markknochen. Auch Hunde lieben verschiedene Geschmackserlebnisse.

[b] FRISCHEGARANTIE Hunde können Menschen mit Salmonellen anstecken. Deshalb ist es beim Kauf wichtig, auf höchste Qualität zu achten und besonders Geflügelfleisch zeitig zu verbrauchen. Knochen können stopfen und splittern, deshalb lassen Sie sich vor einer Fütterung von Fachleuten beraten.

DAS IST *wirklich* WICHTIG

[a] GUTER DINGE Welpen sind Optimisten, denn sie versuchen auch aus ungewohnten Situationen immer das Beste zu machen. Deshalb lassen sie sich zumindest tagsüber zum Beispiel durch ein Spielchen leicht von ihrer Sehnsucht nach Mutter und Geschwistern ablenken.

[b] ORIENTIERUNGSLOS Alles ist neu – hier hilft dem Welpen am besten ein Mensch, der sich liebevoll und klar um ihn kümmert. Das bedeutet: Muten Sie dem kleinen Kerl nicht zu viele Eindrücke zu und zeigen Sie ihm, was Ihnen Freude bereitet.

NEUES ZUHAUSE
Ihr Welpe kommt ins Haus

Endlich ist der Tag gekommen, an dem Sie Ihren süßen Welpen abholen können. Bevor Sie jetzt ins Auto steigen und losbrausen, sollten Sie kurz innehalten und überlegen, wie der Welpe die nächsten Stunden erleben wird.

ABHOLEN VOM ZÜCHTER

Die Trennung von Mutter und Geschwistern ist ein Schock, der den Welpen vorübergehend orientierungslos machen wird. So gemein es klingen mag: In seinem Unglück liegt Ihre Chance. Sie werden der einzige Ansprechpartner in diesen ersten Stunden für den kleinen Kerl sein. Präsentieren Sie sich jetzt als liebenswürdiger, freundlicher Mensch, wird sich der Welpe besonders gerne an Sie binden. Mit dem Abholen werden wir zu seiner „Ersatzfamilie" und der Verlauf der ersten Stunden mit uns bildet die Basis einer vertrauensvollen Beziehung.

Geborgenheit während der ersten Fahrt
Nutzen Sie noch nicht die nagelneue Transportbox für einen möglichst gefahrlosen Heimweg. Hier sicher weggesperrt, wird der Welpe mit großer Wahrscheinlichkeit Panik bekommen. Organisieren Sie einen Fahrer, damit Sie Ihre Aufmerksamkeit dem verwirrten Hundekind zukommen lassen können. Halten Sie den Welpen bei seiner ersten Fahrt auf dem Schoß oder im Fußraum des Beifahrersitzes, damit er sich nicht alleine fühlt. Vorsichtshalber sollten Sie sich mit Feuchttüchern und Küchenrolle bevorraten. Planen Sie besser ein, dass sich das Hundekind vor Aufregung übergeben wird. Sie können dann erleichtert sein, wenn er es nicht tut. Die Devise für die ersten Tage: Rechnen wir mit dem Schlimmsten, kann uns der Welpe nur positiv überraschen. Gleichzeitig kann uns so nichts mehr aus der Fassung bringen, und das ist in dieser Situation besonders wichtig. Was auch passiert: Geben Sie dem Hundekind das Gefühl, Sie hätten den Überblick und alles wird gut. Streicheln Sie den Welpen, reden Sie mit beruhigender Stimme zu ihm. Und dann wieder mit dem Fahrer – so, als wäre es ein ganz normaler Ausflug. Der Welpe merkt: Hier ist keiner aufgeregt – und diese Ruhe wird sich ein bisschen auf ihn übertragen.

DIE ERSTEN TAGE

Auch wenn es verlockend ist: Bitte feiern Sie kein Welpen-Willkommensfest mit allen Nachbarn, Freunden und Verwandten. Zu viele fremde Menschen in seiner neuen Umgebung würden ihn maßlos überfordern. Die erste Übung für Ihren Hund lautet: Sie und Ihre Familienmitglieder vom übrigen Rest der Menschheit unterscheiden zu lernen. Bislang waren Sie nur ein paar freundliche Menschen mehr in seinem Leben. Jetzt werden Sie zu seiner Familie, in der er sich beschützt und aufgehoben fühlen soll. Kümmern Sie sich in den ersten Tagen liebevoll um den jungen Hund, präsentieren Sie sich ihm als ein freundlicher, verlässlicher Ersatz für seine Hundefamilie. Der Rest der Welt kommt später. Marschiert Ihr Welpe zum ersten Mal auf Entdeckertour durch alle Räume, dann achten Sie auf alles, was er tut. Bestärken Sie seinen Mut („Feiner Hund") und halten Sie ihn davon ab, verbotene Dinge zu tun, ohne diese zu massiv zu verbieten. Nagt er am Stuhlbein oder kontrolliert den Mülleimerinhalt, schieben Sie ihn sanft weg und sagen deutlich „Nein", lenken Sie anschließend seine Aufmerksamkeit auf Dinge, die erlaubt sind.

Regeln und Routine schaffen
Damit sich der Welpe schnell Zuhause fühlt, sollten die ersten Tage im Ablauf immer gleich gestaltet werden. So kann er sich schneller orientieren, lernt uns und unseren Tagesrhythmus kennen. Jetzt ist er bereit, die Feinheiten für ein harmonisches Zusammenleben mit uns zu lernen.

SICH HEIMISCH FÜHLEN Lassen Sie Fress- und Schlafplatz immer am selben Ort. Findet der Neuankömmling sein Futter, Wasser und Körbchen immer an der gleichen Stelle wieder, hat er seine erste Orientierung im neuen Zuhause. Und er fühlt sich gleich nicht mehr ganz so fremd.

TOLLPATSCH AUF VIER PFOTEN

MOTIVATION
So loben Sie Ihren Hund richtig

Manche Hundehalter loben nur mit Leckerli und gehen jedem Konflikt aus dem Weg, andere haben aus Prinzip nie Futter dabei und werfen brüllend mit Gegenständen nach kleinen Hundehalunken. Wie geht Motivieren und Erziehen nun eigentlich richtig?

Zieht ein kleiner Welpe bei uns ein, dann ist seine Anhänglichkeit leicht zu gewinnen. Sein Überlebensprogramm rät ihm nämlich, immer lieb zu sein und den Anschluss an uns nicht zu verlieren. Doch schon nach ungefähr einer Woche kann diese Idylle die ersten Risse bekommen, denn sobald sich der kleine Kerl geliebt und sicher fühlt, würde er gerne genauer wissen, was konkret wir lustig und was doof finden. Hunde sind wie wir soziale Lebewesen, und dazu gehört, dass wir unsere Möglichkeiten gerne erweitern und deshalb regelmäßig austesten. Hunde finden es bei diesen Experimenten großartig, wenn wir ihnen zwei Möglichkeiten als Lösung bieten: JA und NEIN.

FREUDE UND SPIEL ALS BELOHNUNG

Welpen für etwas gut Gemachtes zu loben, ist ein Kinderspiel. Denn wir brauchen in den ersten Wochen keinerlei Hilfsmittel, sondern nur unsere Freude und viel Spielerei als Belohnung und Motivation. Nutzen Sie deshalb, was Mutter Natur Ihnen geschenkt hat: Streicheln und rangeln Sie mit Händen, Armen Ihrem ganzen Körper mit dem Welpen. Loben Sie ihn mit Lobwörtern dabei (Feiner Hund, Toller Kerl, Super Mädchen), klatschen Sie vor Begeisterung in die Hände. Hin und wieder können Sie auch etwas Leckeres geben, wenn der Welpe angerannt kommt. Setzen Sie die „Leckerlis" aber sparsam ein, z. B. nur, wenn Sie Ihrem Hund ein neues Signal beibringen. Aber auch das geht ganz ohne Leckerli. Wichtig ist, dass Ihr Hund Sie toll findet und nicht die Leckerchen. Sie toll finden kann er aber nur, wenn Sie sich mit ihm und er sich mit Ihnen beschäftigt – am besten körperlich und mit viel Gefühl. Es ist ein sichtbarer Unterschied, ob ein Hund eine Aufgabe ausführt, weil er dafür ein Futterstück bekommt, oder weil Lernen mit uns so schön ist. Das liegt auch daran, dass beim Kontakt zu uns, dem fröhlichen Spiel oder innigen Kuscheln, das Bindungshormon Oxytocin in die Blutbahn ausgeschüttet wird. Ein Effekt, der beim Leckerli-Füttern ausbleibt. Deshalb eignet sich ein Futterstück fantastisch dazu, erwachsenen Hunden neue Tricks zu zeigen. Mit Freude Lernen geht aber nur aus Begeisterung für uns. Bauen Sie deshalb am Anfang jede erste Übung in ein Spiel ein (siehe S. 61 ff.) und zeigen Sie Ihre Freude über Ihren gelehrigen Hund, indem Sie danach gleich weiter mit ihm spielen. Sie werden zusammen viel Spaß am Training haben und dadurch zu einem tollen Team zusammenwachsen.

HARTNÄCKIGE IGNORANTEN

Ganz selten gibt es Welpen, die kaum ein Interesse an der Zusammenarbeit mit Menschen zeigen. Besonders häufig trifft man sie bei Rassen oder Mischlingen an, die auf Unabhängigkeit und Eigenständigkeit gezüchtet wurden, z. B. Herdeschutzhunde. Aber auch spezielle Hundepersönlichkeiten können einer Zusammenarbeit mit Menschen schwer etwas abgewinnen. Bei diesen Kandidaten können kleine Leckereien zur Motivation Wunder wirken. Auch bei Problemhunden oder in schwierigen Situationen können sie unterstützend eingesetzt werden. Wie überall gilt: Was genau zu Ihnen und Ihrem Hund passt, probieren Sie am besten aus und finden Ihren eigenen Weg.

DAS IST *wirklich* WICHTIG

[a] GRENZEN Hundeeltern setzen ihren Welpen eindeutig und körperlich Grenzen. Doch schon kurz danach ist die Welt wieder in Ordnung und der Jungspund bekommt eine neue Chance, in Zukunft alles besser zu machen. Diesen klaren und freundlichen Erziehungsstil sollten wir unbedingt kopieren.

[b] ELTERNLIEBE Welpen lieben ihre Eltern und möchten trotzdem wissen, wie weit sie bei ihnen gehen dürfen.

[c] ORIENTIERUNG Eine kurze und eindeutige Zurechtweisung reicht meist aus und der Welpe weiß: hier kann ich mich sicher fühlen, denn ich finde nicht nur Liebe und Schutz, sondern auch eine Orientierung durchs Leben. Er reagiert anschließend nicht verunsichert, sondern sucht im Gegenteil wieder innigen Anschluss an seinen Erzieher.

[d] GEDULD Hundeeltern haben viel Humor – doch sie wissen genau, wann getestet statt gespielt wird.

KLARE REGELN
Sie geben Struktur und Sicherheit

Wenn Sie von Anfang an spannend und klar in Ihrem Auftreten sind, dann sind Sie der Grund zu kommen, zu sitzen, zu liegen oder zu bleiben. Doch hin und wieder werden wir getestet. Was nun?

Hunde überprüfen wie alle heranwachsenden sozialen Wesen hin und wieder, wie ernst uns bestimmte Regeln sind. In diesen Momenten sollten wir nicht hilflos sein, sondern schnell reagieren, damit der Hund lernt, dass er uns ernst nehmen kann.

RICHTIG BEGRENZEN

Viele Hundehalter fürchten, dass der süße, kleine Hund aufhören könnte sie zu lieben, sobald sie streng werden und deutliche Grenzen ziehen. Deshalb versuchen sie, Konfliktsituationen zu vermeiden, und konzentrieren sich darauf, ausschließlich positive Aktionen des Hundes zu fördern. Doch ist das wirklich „hundegerecht"? Interessenskonflikte gehören zum Zusammenleben in sozialen Gruppen dazu und Hunde tragen viel Potential in ihren Genen, gut damit umzugehen. Dass ein Hundeleben nicht immer nur rosig ist, sondern manchmal auch langweilig oder frustrierend, muss auch ein Hund lernen: Er muss warten, während wir mit der Nachbarin klönen, am Schreibtisch sitzen oder im Supermarkt einkaufen gehen. Die gute Nachricht: Wenn wir ihm von Anfang an klare Ansagen geben, stehen die Chancen gut, dass der Hund diese Situationen höchstens langweilig findet und sie mit einem kleinen Schläfchen überbrückt, statt nervig zu jaulen oder das Weite zu suchen.

RICHTIG REAGIEREN

Klare Regeln sorgen nicht für einen Beziehungsabbruch, sondern sie können die Begeisterung für uns sogar noch vergrößern. Nicht nur Menschen finden es attraktiv, wenn jemand weiß, was er will. Auch Hunde begeistern sich besonders für Persönlichkeiten mit einem festen Ziel vor Augen. Doch wie zeige ich meinem jungen Hund, was bei mir erwünscht und was verpönt ist? Ganz einfach: Im richtigen Moment richtig reagieren – und falls wir zu massiv oder vorsichtig waren, aus unseren Fehlern lernen und es das nächste Mal besser machen.

- Der richtige Moment ist die frische Tat, auf der Sie den Halunken erwischen. Er ist schon nach drei Sekunden vorbei und Sie dürfen nur noch vor sich hinfluchen und müssen das Dilemma ertragen.
- Für die richtige Reaktion mit ertappten Straftätern lohnt ein Blick in die Hundekinderstube: Vater und Mutter warnen kurz vor und reagieren dann blitzschnell, aber eindeutig. Danach ist die Welt wieder in Ordnung, und sie geben dem Nachwuchs eine neue Chance, alles besser zu machen. Nachtragend sind sie dabei nie und Ignorieren als Strafe kennen sie nicht.

Verstößt Ihr kleiner Hund gegen eine Ihrer Hausregeln, dann zeigen Sie ihm ganz unverblümt, dass Sie das nicht witzig finden. Sobald er am teuren Teppich kaut, drohen Sie kurz mit deutlichen Lauten („Lass das"/ „Nein"). Hilft dieser drohende Hinweis nicht, dann „erschrecken" Sie den Bösewicht, indem Sie vor ihm auf den Boden klopfen und dabei deutlich das „Nein" wiederholen. Gehen Sie anschließend wieder weg und wenden Sie sich Ihrem Tagesgeschäft zu. Natürlich behalten Sie den Missetäter dabei aus den Augenwinkeln fest im Blick, denn oft wollen Welpen wissen, wie ernst uns die Angelegenheit mit dem Teppich wirklich ist. Also testen die kleinen Menschenforscher gleich noch einmal – und werden von Ihnen erneut vorgewarnt und wenn nötig reglementiert, dieses Mal noch etwas deutlicher (indem Sie ihn ein Stück zur Seite schieben, oder einen klimpernden Teelöffel neben ihn werfen). Diese deutliche Wiederholung reicht meist, um das „Teppichgesetz" für alle Jahre fest zu verankern. Wichtig ist, dass Sie das Strafmaß immer der individuellen Persönlichkeit Ihres Hundes anpassen. Sie wissen ja: Kein Hund ist wie der andere, manche haben ein dickes Fell und wollen es mehrmals mit aller Deutlichkeit von uns wissen, andere brechen schon zusammen, sobald wir nur die Stimme erheben. Passen Sie Ihr „Strafmaß" dem Wesen Ihres Hundes an. Denken Sie immer daran: Nur Sie können Ihren Hund am besten, seinem Wesen gerecht, erziehen. Und dazu gehört eben auch: Grenzen deutlich setzen.

TOLLPATSCH AUF VIER PFOTEN

HUNDEELTERN
Ein gutes Vorbild

BLICK IN DIE HUNDE- UND MENSCHENFAMILIE

Zusammenhalt	Beim ausgelassenen Spiel liegen Hundeeltern auch mal auf dem Rücken und verkehren damit die geltenden Rangordnungsregeln. Kein Problem: Die Welpen wissen, dass Papa zwar der Boss, aber deshalb nicht frei von Humor ist. Die Hundekinder lieben ihre Erzieher sehr für so viel Spaß im Leben.	Zusammen Zeit verbringen, Spaß und Erfolgserlebnisse haben, auch mal die Rollen tauschen und den Welpen beim Spiel gewinnen lassen – das stärkt das gegenseitige Vertrauen. Auf diese Weise wachsen wir zu einem unschlagbaren Team zusammen.
Lernen	Nebenbei werden im Spiel alle Fähigkeiten fürs wahre Leben geschult: Wie man sich geschickt anschleicht, andere austrickst, Wege abkürzt und Überraschungsangriffe vorbereitet. Der Hund lernt, wo die eigenen und die Stärken und Schwächen des anderen liegen, welche Position im Rudel dem Einzelnen später zukommt, wie man durch Unterwerfen scharfen Bissen vorbeugt und wann man sich besser in Sicherheit bringt.	Nebenbei lernen auch wir uns richtig gut kennen. Deshalb sollten wir viel sinnlos spielen – aber hin und wieder auch ein paar wichtige Lebensübungen einflechten („Komm", „Aus" und „Hols dir"; Später: „Sit", „Down"..., siehe Seite 61 ff.) – so macht Lernen viel Spaß und der Hund gehorcht lebenslang gern.
Disziplin	Manchmal belegt der Rudelchef ein Beutestück plötzlich mit einem Tabu: Kein Welpe darf es sich holen, ohne dabei ganz gehörig Ärger mit ihm zu bekommen. Lerneffekt: Die Jungen begreifen, dass man Vater oder Mutter ernst nehmen muss – und ihnen deshalb vertrauensvoll folgen kann.	Wir sind immer konsequent, bei allem, was wir tun. Wenn wir z. B. ein Tabu gesetzt haben, das da lautet: „Der runtergefallene Keks auf dem Boden wird nicht genommen", dann bleiben wir dabei. Und betonen das Verbot mit Nachdruck, indem wir ein verbotenes Stück absichtlich vor seiner Nase liegenlassen und sofort reagieren, wenn er es aufnehmen will. So lernt der Welpe, dass er uns ernst nehmen kann. Und entwickelt gleich noch mehr Vertrauen zu uns.
Chef bzw. Teamleiter	Hundeväter haben kein Problem damit, sich oft von ihrem Nachwuchs zum Spielen überreden zu lassen. Aber sie brechen das schönste Spiel hin und wieder so plötzlich ab, wie sie es begonnen haben und ziehen sich zurück. Alle Zuneigungsbekundungen ihrer Welpenschar nehmen sie gelangweilt hin, bis sich die Hundekinder schließlich von dannen trollen und sich mit sich selbst beschäftigen. Erziehungsergebnis: Der Rudelchef wird extrem interessant dadurch, dass er nicht immer verfügbar ist.	Dass wir der Teamleiter sind, ist unserem Welpen schon lange klar. Deshalb wird er uns dafür lieben, wenn wir uns von ihm zum Spielen animieren lassen und dabei so tun, als könnten wir ein Spielzeug nicht erwischen. Aber unserer Freundschaft tut es auch gut, wenn immer mal wieder deutlich wird, dass ein Hund nicht der Mittelpunkt unserer Existenz ist. Deshalb ist die Tageszeitung hin und wieder interessanter als der süße Welpe. Persönlichkeiten, die ein Eigenleben führen, statt immer und allezeit für uns verfügbar zu sein, finden auch Hunde spannend.

[b]

[c]

DAS IST *wirklich* WICHTIG

[a] DIE GEMEINSCHAFTSAUFGABE LAUTET: Aus den Welpen sozialverträgliche Mitglieder machen und ihnen nebenbei alles beibringen, was das Überleben der ganzen Familie sichert.

[b] DAS GEHEIMNIS IHRES ERFOLGES: Die meisten Lektionen werden geschickt als Spiel getarnt. Genau hier liegt der Hund begraben: Diese Pädagogik sollten wir uns unbedingt abgucken. Spielen Sie deshalb vom ersten Tag an viel mit Ihrem Hund – einfach aus Spaß an der Freude.

[c] VERDECKTE ABSICHT: Spielen Sie dabei hin und wieder die ersten wichtigsten Lektionen („Komm", „Sitz", „Aus", siehe S. 61 ff.). Unterschätzen Sie niemals die geistigen Möglichkeiten Ihres Hundebabys. Es kann – und will jetzt möglichst viel von Ihnen lernen. Also: Ans Spielen, fertig, los!

[a]

SCHLAFENSZEIT
Pausen und ruhige Nächte

Kennen Sie das? War der Tag auch noch so aufregend – wenn es dunkel wird und wir allein in Hotelbetten oder Kinder bei Freunden schlafen, vermissen wir unser gewohntes Zuhause, unser „Nest", am meisten. Welpen geht es da nicht anders: Besonders in den ersten Nächten werden sie vom Hunde-Heimweh geplagt…

UNRUHIGE NÄCHTE

Bislang hat unser Welpe neben den wärmenden Körpern seiner Geschwister geschlummert. Und plötzlich soll er alleine hier im Dunkeln liegen, in einer fremden Umgebung? Für das Fiepen des kleinen Hundes in den ersten Nächten sollten wir deshalb viel Verständnis zeigen. Allerdings nicht, indem wir ihn gleich zu uns ins Bett holen – dann können wir damit rechnen, dass er das von diesem Tag an für den Rest seines Lebens erwarten wird. Ein dicker Bernhardinerwelpe kann aber mit der Zeit einen ziemlich gewaltigen Platzanspruch entwickeln. Besser: Sie zeigen ihm, dass er nicht alleine ist. Stellen Sie dazu eine weich gepolsterte Holzkiste oder einen stabilen Pappkarton in den ersten Nächten neben Ihr Bett. Die Wände sollten so hoch sein, dass der Welpe die Kiste nicht von alleine verlassen kann. Jetzt streicheln Sie den Hund ab und an, so dass er sich nicht allzu verlassen fühlt.

Schnell stubenrein
Sobald er sehr unruhig wird, sollten Sie schnell aus den Federn kommen: Der kleine Hund muss wahrscheinlich mal. Zögern Sie nicht, sondern laufen Sie nach draußen oder zum Hundeklo (siehe S. 57) und setzen Sie den Hund dort ab. Der kleine Kerl wird zunächst so überrascht über diesen unerwarteten nächtlichen Ausflug sein, dass er seine volle Blase total vergisst. Das kann eine harte Geduldsprobe für uns Menschen sein, denn jetzt heißt es: Abwarten und betont langweilig sein – und das trotz Schüttelfrost. Wiederholen Sie also ganz regelmäßig und ruhig: „Geh pischern"/ „Mach Pipi" – und warten Sie, bis sich der junge Hund erinnert, was Sie damit meinen könnten. In diesem Moment dürfen Sie sich freuen: über Ihren schlauen Hund und dass Sie wieder ins Bett dürfen. Keine Angst: Diese Phase wird nicht lange andauern. Junge Hunde lernen das Durchschlafen viel schneller als Menschenbabys – und schon nach ein bis zwei Wochen haben Sie die Nacht wieder ganz für sich.

PAUSEN SCHAFFEN

Auch tagsüber braucht Ihr Welpe noch viele Ruhephasen, in denen er tief und lange schlafen kann. Das Leben eines jungen Hundes ist aufregend, all die neuen Reize, Eindrücke und das gewaltige Lernpensum der ersten Monate müssen verarbeitet und gut abgespeichert werden. Damit Ihr Hund schnell schlau wird und dabei gesund bleibt, sollten wir seinem Gehirn viel Zeit gönnen, in denen es alle neuen Informationen sortieren und sich erholen kann. Sorgen Sie deshalb für ein kuscheliges Körbchen-Ambiente. Hunde lieben zum Beispiel Höhlen, unter der Treppe ist deshalb ein beliebter Hundeplatz, auch eine Transportbox kann zum vertrauten Schlafort werden.

WELPEN LIEBEN HÖHLEN

Die meisten Welpen lieben es, sich zum Schlafen oder Ausruhen in „Höhlen" zurückzuziehen – ein Relikt aus Wolfszeiten. Da wird sich unter Betten, Sessel und Sofas gequetscht, bis man irgendwann zu groß dafür ist. In letzter Zeit haben viele Hundehalter damit begonnen, diesem Höhlenbedürfnis Ihrer Hunde gerecht zu werden: Herausgekommen ist der Trend zur „Transportbox im Haus". Sie ist für viele Tiere ein geschätzter Rückzugsort, denn hier kann sich Ihr Hund vor jedem Trubel verstecken, wenn er mal ein paar ruhige Minuten braucht. Trotzdem hat man durch die Öffnungen an der Seite und durch den Eingang alles im Blick – und kann schnell wieder mitmischen. Gewöhnen Sie den Welpen an die Box, indem Sie am Anfang dort hin und wieder Leckerchen verstecken – so kommt er schnell „auf den Geschmack" und wird sich bald freiwillig dorthin zum Schlafen zurückziehen.

TOLLPATSCH AUF VIER PFOTEN

HUNDEBLICK
Begeben Sie sich auf Augenhöhe

Welpen sind meist sehr klein und Menschen erscheinen ihnen unendlich groß. Das kommt daher, weil wir auf zwei Beinen gehen und unser Kopf ganz oben sitzt. Damit er uns schnell verstehen lernt, sollten wir ihm deshalb oft auf Augenhöhe begegnen.

PERSPEKTIVENWECHSEL

Hunde kommunizieren untereinander viel über Körpersprache und Mimik. Deshalb will jeder Welpe nicht nur unsere Füße, sondern vor allen Dingen unser Gesicht sehen. Kommen Sie Ihrem Hundekind bei seinen Bemühungen ein bisschen entgegen, indem Sie sich zu ihm hinunterbeugen oder auf den Boden setzen und legen. Hier unten, von Angesicht zu Angesicht, können Sie direkt Kontakt mit ihm aufnehmen. So kann der kleine Hund viel schneller lernen: zum Beispiel, wie unsere Körpersprache und Mimik interpretiert werden kann. Oder dass die vielen Worte meist etwas Bestimmtes bedeuten. Und auch wir sind durch den Perspektivenwechsel der Welt aus Hundesicht ein wenig näher gekommen.

SCHAU MIR IN DIE AUGEN ...

Die Übung ist sehr einfach und kuschelig, sie heißt: nicht nur viel spielen (siehe S. 46), sondern dabei auch so viel Körper- und Augenkontakt wie möglich mit dem Welpen haben. Im Verlauf der Spiel- und Schmusestunden kommen wir mit unserem Gesicht ganz dicht an den Welpenkopf heran. Dabei sprechen wir ihn beruhigend, liebevoll an und streicheln ihn an Kopf und Körperseiten. Später nehmen wir seinen Kopf sanft in die Hände und schauen ihm dabei tief in die Augen. Nach einiger Zeit hat der kleine Kerl gelernt, dass dies ein menschliches Zeichen von Zuneigung ist – und wird es bald sogar selbst einsetzen, um mit uns Kontakt aufzunehmen. Auf diese Weise kann der Welpe lernen, dass auch fremde Menschen, die einen direkt ansehen, keine bösen Absichten hegen, sondern ihn mögen.

SCHMUSESTRESS VERMEIDEN

Allerdings muss diese Innigkeit immer zwangsfrei stattfinden. Zeigt der Hund Anzeichen von Überforderung, trägt er z.B. die Rute tief, weicht dem Blick aus, klappt die Ohren leicht angewinkelt nach hinten, zieht die Mundwinkel lang oder sich körperlich zurück, sollten wir unsere Annäherungsversuche anpassen und zurückhaltender sein. Wie bei Menschen auch, gibt es Kuschler und Hunde, denen ein kurzer Streichler ausreicht. Beobachten Sie deshalb genau, wann genug gekuschelt wurde.

MOTIVATIONSVERSTÄRKER NR. 1: LOB Damit unser Lob beim Hund freudige Gefühle auslöst, gibt es einen Trick: Immer, wenn wir ins schönste Spiel vertieft sind, loben wir ihn. Benutzen Sie die tollsten Lobwörter („Feiner Hund", „Super", „Prima") und der Welpe wird dieselben positiven Gefühle haben, wenn wir diese Wörter später einsetzen, um ihn für etwas richtig Gemachtes zu loben. Das wird ihn noch mehr motivieren, denn Lernen wird so mit freudigen Gefühlen verknüpft.

DAS IST *wirklich* WICHTIG

[a] LOBEN Zum Lernen motivieren wir unseren Hund durch innigen Körperkontakt, Lobwörter, ein schönes Spiel mit dem Lieblingsspielzeug oder auch Leckerchen. Bei Letzterem ist der richtige Moment wichtig, in dem der Hund die Futterbelohnung bekommt – und zwar erst dann, wenn er die Aktion erfolgreich ausgeführt hat. Das ist z. B. der Fall, wenn er vor uns sitzt oder auf unseren Ruf gekommen ist. Erst jetzt erfolgt der Griff in die Tasche.

[b] BESTECHEN Viele Menschen rufen nur noch „Leckerli" über die Wiese und rascheln parallel mit der Tüte. In diesem Fall wird der Hund nicht fürs Gehorchen gelobt, sondern bestochen. Wichtig ist, dass das Leckerli erst in dem Moment erscheint, in dem sich der Hund richtig verhalten hat und in Kombination mit einem Lobwort wie „Prima" oder „Fein".

TOLLPATSCH AUF VIER PFOTEN

STUBENREIN
Aufpassen ist besser als Aufwischen

Sie träumen davon, schon nach kurzer Zeit keine Pipipfützen mehr wischen und Häufchen vom Teppich kratzen zu müssen? Folgende Tipps können helfen.

BEHALTEN SIE IHN IM AUGE

Wenn wir „Straftaten" vorbeugen, erzielen wir immer den schnellsten Trainingserfolg. Das klassische Verhaltensmuster vor dem „Lösen" eines Welpen sieht so aus: Er läuft mit gesenktem Kopf, als würde er einer Spur folgen, dann dreht er sich plötzlich an einer bestimmten Stelle ein- bis mehrmals im Kreis – spätestens jetzt sollten Sie reagieren: Heben Sie den Welpen hoch und tragen ihn schnellen Schrittes nach draußen. Dort setzen Sie ihn ab und sagen „Geh Pischern" – oder was auch immer Ihnen für diesen Moment sinnvoll erscheint. Der Welpe wird vor Überraschung bei den ersten Malen seine pralle Blase völlig vergessen. Bitte zeigen Sie Geduld und verhalten sich absolut langweilig. So wird sich das dringende Bedürfnis schnell wieder in sein Bewusstsein drängen. In exakt diesem Moment verändern Sie Ihre Haltung schlagartig: Freuen Sie sich riesig über diesen tollen kleinen Hund. Natürlich versteht er den Zusammenhang zwischen seiner Aktion und Ihrer fröhlichen Reaktion nicht beim ersten Mal. Aber die Wiederholung macht's: Irgendwann beginnt er zu ahnen, was uns so glücklich macht.

Wiederholen Sie jedes Mal, wenn Ihr Welpe sich löst, Ihr Signalwort. Mit der Zeit verbindet er Signal und Handlung und Sie können später Ihren erwachsenen Hund z. B. kurz vor einer längeren Autofahrt noch zum Pinkeln schicken.

REAGIEREN SIE SOFORT

War der Welpe schneller und ein kleiner gelber See (oder vielleicht noch Schlimmeres) schmückt den Boden, müssen wir Folgendes beachten:

- Wir müssen den Hund immer sofort ertappen. Also in dem Moment, in dem er sich entleert, reagieren wir mit größtem Entsetzen. Nicht fünf Sekunden später. Dann ist es zu spät und wir dürfen beim Aufwischen höchstens ein bisschen fluchen.
- Haben wir „Glück" und erwischen ihn „auf frischer Tat", sagen wir sehr bestimmt „Nein", schnappen ihn uns und tragen ihn schnellen Schrittes nach draußen. Waren wir fix genug, wird er sein Geschäft hier unter unserem Beifall vollenden. Wahrscheinlich ist er aber schon losgeworden, was ihn belastete. In dem Fall reicht es, wenn wir uns kurz mit dem Hund draußen aufhalten und irgendwann kommentarlos wieder hineingehen. Welpen verstehen ganz unterschiedlich schnell, was wir hier von ihnen erwarten.

STUBENREINHEIT Der kürzeste Weg lautet:
1. Viel Zeit in Beobachtung investieren,
2. Morgens, nach dem Fressen, nach jedem Schläfchen, und im Wachzustand anfangs alle halbe Stunde vorbeugend den Weg nach Draußen antreten. Bitte bedenken Sie: Eine Welpenblase ist winzig klein, deshalb muss sie oft entleert werden.

STUBENREIN IM 7. STOCK

Viele Hundehalter leben in Altbauwohnungen mit wunderschönem Ausblick. Der große Nachteil: Bis nach draußen sind es meist viele Treppenstufen. Anfangs alle halbe Stunde das Treppenhaus runter- und wieder hochrennen kann man selbst den Sportlern unter uns Hundehaltern kaum zumuten. Der Tipp: Kaufen Sie ein Hundeklo. Gewöhnen Sie Ihren Hund zunächst auch an dieses stille Örtchen. Hierhinein setzen Sie den jungen Kerl, sobald er das eben beschriebene Suchverhalten zeigt und Sie keine Zeit für einen Sprint nach draußen haben. Loben Sie ihn anfangs überschwänglich. Sobald er das Klo von alleine aufsucht, bedenken Sie ihn dann nur noch mit anerkennenden Worten. Ihre große Freude heben Sie sich für sein Geschäft unter freiem Himmel auf. So beginnt er zu ahnen, worauf wir hinarbeiten. Sobald die Pinkelpausen länger werden, sollten auch Wohnungsbesitzer versuchen, der Pinkelei in geschlossenen Räumen vorzubeugen. Treten Sie jetzt häufiger den Weg nach draußen an und heben sich die Begeisterung nur noch fürs Lösen unter freiem Himmel auf. Entfernen Sie das Kurzzeit-Klo irgendwann stillschweigend und behalten Sie Ihren Welpen danach besonders in dieser Ecke gut im Auge. So können Sie schnell und entschlossen reagieren, sobald er sich dort entleeren möchte. Auf diese Weise versteht er, dass sich seine Geschäftszeiten von nun an für immer nach draußen verlagern.

10 GOLDENE REGELN
Mit Freude lernen

Auf den nächsten Seiten erfahren Sie, wie Ihr Welpe die Bedeutung der ersten wichtigen Wörter lernen kann. Damit alles von Anfang an klappt, sollten Sie sich die Regeln zu Herzen nehmen und können mit viel Spiel, Spaß und Freude in Ihr persönliches Training starten.

1. LOCKER SEIN
Versuchen Sie allen Ernst und Ehrgeiz aus Ihrem Bewusstsein zu verbannen. Die Devise lautet: Ziele tief stecken.
Das heißt: Achten Sie darauf, Ihren Welpen nicht zu überfordern, und brechen Sie die Übung durch ein Spiel ab, sobald Sie merken, dass er unkonzentriert wird. Erziehung sollte von Ihrem Hund niemals als Zwang empfunden werden. Hunde, die unter Zwang lernen, fühlen sich gar nicht mehr toll und schlau, sondern unfähig, es Ihnen recht machen zu können. Und das macht aus ihnen unsichere, untergebene Hunde. Kein schönes Bild.

2. TREFFSICHER TIMEN
Trainieren Sie erst, wenn der kleine Hund bereit dazu ist. Das bedeutet: Er sollte nicht mit prallgefülltem Magen üben oder gerade aufgewacht sein. Besser: Lassen Sie ihn vorher ein bisschen laufen, schnuppern, ohne Sinn und Zweck mit Ihnen spielen und sich lösen. Jetzt ist meist der perfekte Moment fürs Lernen gekommen – bevor er wieder müde wird. Ein tiefes Schläfchen nach dem Üben hilft übrigens dabei, neuen Lernstoff gut abzuspeichern.

3. SPIELEND LERNEN
Lernen funktioniert bei Hunden wie bei uns Menschen am besten über Spiel (siehe S. 46), Belohnungshäppchen sind deshalb meist überflüssig. Spielen sollten Sie dagegen mit Ihrem kleinen Hund so oft wie möglich: Meistens nur, weil es viel Spaß und Freude bringt, manchmal aber auch ganz gezielt, um nebenbei die wichtigsten Übungen einzuführen oder zu wiederholen – so wird ein Welpe alles, was Sie wollen, „spielend lernen" – und sich nebenbei ganz fest an Sie binden!

4. RUHE
Trainieren Sie mit dem kleinen Kerl neue Lektionen nicht in der Nähe von Kinderspielplätzen, Schulhöfen oder mitten auf der Hundewiese. Der Grund: Im zarten Welpenalter lassen sich Hunde durch jede Kleinigkeit sofort ablenken. Suchen Sie sich für die ersten Übungseinheiten deshalb besser eine einsame Ecke im Park, das Wohnzimmer oder den heimischen Garten aus. Eltern warten mit der Lernspielstunde, bis ihre Kinder in der Schule oder beschäftigt sind und sie ihr Zuhause und den Garten ganz für sich alleine haben.

5. FLEXIBEL SEIN

Wird die Umgebung plötzlich unruhig oder der Hund unkonzentriert: Brechen Sie die Übung ab. Entwickeln Sie keine starren Lehrpläne für die ersten Wochen, sondern versuchen Sie sich stets auf Ihren Hund, seine momentane Befindlichkeit, die Umwelt und sein Alter einzustellen.

6. POSITIV ABSCHLIESSEN

Beenden Sie jedes Training unbedingt mit einem Erfolgserlebnis – auch wenn der Welpe mit seiner „Leistung" eigentlich weit hinter Ihren Erwartungen geblieben ist. Sollte er beim „Bleib" (siehe S. 74) z. B. nicht sitzen bleiben, während Sie drei Schritte weggehen, dann lassen Sie ihn stattdessen nur kurz sitzen, richten sich auf, hocken sich wieder vor ihn und beenden sofort die Übung mit viel Freude. So hat er immer das Gefühl, ein toller, schlauer Hund zu sein, und lernt auch das nächste Mal wieder fröhlich und gerne mit Ihnen.

7. KURZ & OFT

Üben Sie die unterschiedlichen Lektionen im Laufe eines Tages immer mal wieder eingestreut beim Spielen. Damit vermeiden Sie, dass die Konzentrationsfähigkeit Ihres Welpen überfordert wird, und erhalten gleichzeitig den Spaß am Lernen. Und ganz nebenbei verinnerlicht der junge Hund das neu Gelernte schnell.

8. ABSICHERN

Sobald sich unser kleiner Welpe ein bisschen sicherer bei uns fühlt, wird er unsere Führungsqualitäten testen. Diese Sicherheitschecks sind normal, denn auch Welpen, die im Hunderudel aufwachsen, überprüfen hin und wieder die Durchsetzungskraft ihrer Eltern. Bei Hunden laufen diese Testreihen nach dem Motto ab: „Nur wer ganz genau weiß, was er will, dem kann man vertrauen." Deswegen müssen sich Hundeeltern in dieser Zeit gegenüber ihren Welpen immer wieder durchsetzen – und ernten als Dank dafür viel Zuneigung von ihnen. Auch im Zusammenleben mit Menschen verlangt der Welpe in dieser Phase einige deutliche Wiederholungen von Übungen oder begeht gezielt Regelbrüche. Nehmen Sie das also bitte nicht persönlich: Damit will er nur prüfen, ob wir bestimmte Dinge wirklich ernst meinen und ob er sich bei uns sicher fühlen kann. Lassen Sie sich in Ihrem Anspruch nicht beirren, blenden Sie besserwissende Zuschauer aus und behalten Sie Ihr Ziel „Traumhund" fest im Auge. Treten Sie immer konsequent und liebevoll auf – so schaffen Sie die richtige Basis für viel Vertrauen und eine lebenslange Freundschaft.

9. PERSÖNLICHKEIT & RASSE

Wie schnell Ihr Welpe einzelne Trainingsabschnitte lernt, liegt neben seiner individuellen Hundepersönlichkeit und Ihren Erziehungskünsten auch an seinen Rasseeigenschaften. Doch das ist kein Freifahrtschein: Auch ein Beagle, Jack Russel Terrier oder sonstiger Dickkopf kann zu einem verlässlichen Begleiter werden, der immer kommt, wenn man ihn ruft. Aber vielleicht brauchen Sie für das Training einen längeren Atem und mehr Durchsetzungskraft als beim Üben mit einem Border Collie. Der manchmal etwas schmerzende Vergleich auf der Hundewiese sollte Sie nie entmutigen: Auch Sie kommen ans Ziel, wenn Sie Ihren Ansprüchen treu bleiben.

10. ANSPRÜCHE ANPASSEN

In der Zeit zwischen der neunten bis 12. Lebenswoche wird sich der Welpe von uns angenommen fühlen – und zum Dank frecher werden (siehe Regel 8). Diesen Zeitpunkt dürfen wir nicht verpassen: Ab jetzt können wir unsere Ansprüche an sein Benehmen und das Niveau der Trainingseinheiten langsam aber stetig hochschrauben. Welpen haben ein großes Lernvermögen und brauchen dringend geistiges Futter. Bringen Sie dem jungen Kerl deshalb genau jetzt langsam die Grundregeln für ein gutes Zusammenleben von Mensch und Hund bei – und er wird sie sein Hundeleben lang wie selbstverständlich beherzigen.

[6]

[7]

[9]

DAS IST *wirklich* WICHTIG

[a] VOKABELN PAUKEN In den ersten Wochen ist es wichtig, dass Welpen verstehen, was die wichtigsten Wörter wie „Komm" bedeuten. Deshalb nutzen wir sie einfach immer wieder in passenden und positiven Momenten. So entsteht schnell und spielerisch der erste Welpen-Wortschatz.

[b] RUFEN Überlegen Sie genau, wann Sie Ihren Welpen rufen. Er sollte jedes Mal kommen wollen, und das geht in den ersten Wochen nur, wenn er sich gerade auf uns und nicht auf das Mauseloch konzentriert. Erst wenn ein Welpe das Wort sicher kennt, jedoch nur frech guckt, wenn wir rufen, können wir mit der zweiten Stufe des „Komm-Trainings" beginnen (siehe S. 62).

HERKOMMEN
So kommen Welpen angeflitzt

Ein Welpe liebt es, mit fliegenden Ohren in unsere Richtung zu galoppieren – wir sind nämlich seine Lebensversicherung, die er nicht aus dem Auge verlieren möchte. Diese Situation können wir für das erste „Komm"-Training nutzen.

Ziel der ersten Übung „Komm": Der Hund soll lernen, was das wichtige Wort „Komm" und sein Name bedeuten.

RUFEN BEIM WEGLAUFEN

Laufen Sie rückwärts, klatschen an Ihre Beine oder in die Hände und rufen „Komm" plus den Namen des Welpen. Da kleine Hunde panische Angst davor haben, ihre Bezugspersonen zu verlieren, wird Ihr Welpe sofort angerannt kommen. Ist er bei Ihnen, bleiben Sie stehen und freuen sich über sein Kommen, als wäre dies der schönste Moment in Ihrem Leben: Streicheln Sie ihn, loben Sie ihn und spielen Sie mit ihm. Ganz schnell wird er begreifen, was das Wort und das Klatschen bedeuten: Nämlich, dass es auch uns große Freude bereitet, wenn er zu uns kommt. Und weil Welpen sich riesig freuen, wenn wir uns über sie freuen, werden sie dieser Aufforderung immer gerne nachkommen. Und das umso begeisterter, je öfter Sie mit ihm das lustige „Komm-Spiel" spielen.

RUFEN BEIM SPIELEN

Besonders beliebt ist bei Hunden das „Beutespiel": Sie werfen ein Spielzeug weg, der Welpe holt es, und während er sowieso gerade auf Sie zu rennt, rufen Sie begeistert „Komm" und seinen Namen. Ist er bei Ihnen angelangt, freuen Sie sich natürlich gigantisch über diesen tollen Kerl – und spielen einfach weiter mit ihm.
Wenn Sie das Wort „Komm" und seinen Namen auf diese Weise in jedes Spiel mit einbauen, wird er das Herkommen und das Signal schnell positiv verbinden.

RUFEN, WENN ES FUTTER GIBT

Es gibt noch eine sehr gute Gelegenheit, in der Sie den Hund mit seinem Namen und „Komm" rufen sollten: Immer dann, wenn Sie seine volle Futterschüssel in der Hand halten. Sie werden nicht glauben, wie schnell Ihr schlauer, kleiner Hund die Bedeutung des wichtigen Wörtchens „Komm" für alle Zeiten verstanden und positiv abgespeichert hat.

RUFEN OHNE ABLENKUNG

Rufen Sie in der ersten Zeit Ihren Welpen nicht in Situationen, in denen er sich gegen das Kommen entscheiden könnte. Hundekinder lassen sich wie Menschenkinder schnell ablenken. Und wenn gerade etwas Aufregendes passiert (ein Vogel hüpft durchs Gras oder eine Biene sitzt auf einer Blume), dann verzichten Sie besser darauf, ihn sofort zu rufen, auch wenn Sie es eigentlich gerade vorhatten. Warten Sie kurz, bis das Hundebaby wieder „empfangsbereit" erscheint – dann können Sie ihn rufen.

RUFEN NUR BEI ERFOLG

Heben Sie sich das wichtige Wort „Komm" nur für Erfolgserlebnisse auf. Bei allen ersten Trainingseinheiten gilt: Wir müssen die Ernsthaftigkeit dieser Übung vor dem Hund verheimlichen. Verfestigen können wir das Signal später: Nämlich, wenn der Junghund lernen soll, dass Kommen ein absolutes Muss ist, bei dem niemals auch nur eine Ausnahme gemacht wird (siehe S. 62).

MOTIVATIONSVERSTÄRKER NR. 2: APPLAUS Gewöhnen Sie Ihren Welpen an viele positive Geräusche. Sie können später eingesetzt werden, um ihn in seiner Zusammenarbeit weiter zu bestärken. Ein erfolgreiches Mittel ist z. B. der Applaus: Sobald der junge Hund auf Sie zu gerannt kommt, etwas richtig gemacht hat, Spaß hat und albern ist, freuen Sie sich nicht nur und loben ihn, sondern Sie klatschen auch in die Hände.

TOLLPATSCH AUF VIER PFOTEN

KOMM-ÜBUNG
So kommen Junghunde angeflitzt

Der Welpe wächst, er fühlt sich sicher bei uns und beginnt, sich mehr für die Welt und Hundekollegen zu interessieren. Das „Komm-Training" muss deshalb im Laufe des ersten Jahres immer variiert werden, damit es auch im Notfall sicher klappt.

Das Ziel der zweiten Übung: „Komm" verfestigen. Bislang haben wir unseren Welpen gerufen, wenn wir sicher waren, dass er auch kommt. Jetzt kehren wir diese Regel in kleinen Schritten in ihr Gegenteil um.

RUFEN UNTER ABLENKUNG
Jetzt rufen wir unseren Jungspund ganz absichtlich dann, wenn wir meinen, dass er ungern kommen wird. Mit dieser zweiten Stufe verfestigen wir die Übung und verdeutlichen dem Hund, wie ernst uns das mit dem Kommen ist: Ein Hund muss immer kommen, wenn er gerufen wird. Ganz egal, wie aufregend das Leben gerade ist.

NICHT ZU HÄUFIG RUFEN
Rufen wir den armen Kerl jedes Mal, sobald er im schönsten Spiel versunken ist, wird das nur die gute Entwicklung seines Sozialverhaltens stören und ihn schnell nerven. Aber hin und wieder müssen wir zu Übungszwecken den Hund aus aufregenden Moment wegrufen. Das tun wir nicht, weil wir ihm den Spaß nicht gönnen. Machen Sie sich klar: Diese Übung dient seiner Sicherheit. Drücken Sie also niemals ein Auge zu: Wenn Sie den Hund gerufen haben, dann muss er zu Ihnen kommen – also nicht nur zu Ihnen gucken oder ein paar Schritte in Ihre Richtung gehen, sondern bis zu Ihnen hinlaufen, wo er neben Ihnen kurz stehen bleiben soll. Jetzt streicheln Sie ihn, loben ihn mit ruhiger Stimme und schicken ihn sofort wieder ins Spiel zurück. So lernt er etwas sehr Wichtiges: „Ich soll nur kurz kommen, lass mich anfassen und darf dann gleich zurück." Hat er das einmal verstanden, wird es ihm nicht mehr ganz so schwerfallen, in interessanten Momenten zu kommen.

DER HUND KOMMT NICHT?
Jeder normale Junghund wird testen, was passiert, wenn er unserer Bitte nicht nachkommt. In diesem Fall müssen wir sofort reagieren: Treten Sie auf die Laufleine und wiederholen Sie „Komm". Beim ersten Mal wird er sich wahrscheinlich erstaunt umdrehen und kurz stehen bleiben – bleiben Sie auch stehen und geben Sie ihm eine neue Chance: Rufen Sie den Junghund erneut, indem Sie sich hinhocken und mit den Händen klatschen (siehe S. 61). Kommt der Hund jetzt, dann sind wir überhaupt nicht nachtragend, sondern freuen uns sehr über seinen Gesinnungswandel. Entscheidet er sich immer noch gegen das Kommen, dann will er testen, wie ernst er uns als Erzieher nehmen kann. Reagieren Sie deshalb so, wie es unter Caniden üblich wäre: mit kurzer, eindeutiger Reglementierung. Ziehen Sie kurz und deutlich an der Laufleine ein Stück in Ihre Richtung und wiederholen Sie streng „Komm". Dann gehen Sie ein kleines Stück mit der Leine in der Hand von ihm weg, rufen ihn, loben mit ruhiger Stimme, wenn er Ihnen diesmal folgt, und geben ihn danach gleich wieder frei. Ein zweiter Komm-Ruf ein paar Minuten nach diesem ersten Durchlauf ist enorm wichtig für den Lernerfolg: Der junge Hund wird dann lernen, welche Reaktion richtig und welche unerwünscht ist. Und er wird durchschauen, dass der Spaß am Leben durchs Kommen niemals vorbei ist, sondern gleich weitergeht, weil wir ihn wieder zurückschicken.

KOMMEN IST EIN GRUNDGESETZ
Geben Sie Ihrem Hund nur hin und wieder eine Futterbelohnung fürs Kommen. Der Anreiz zu kommen sollte nicht ein Leckerli, sondern Ihr fester Wille sein und weil der Hund Sie ernst nimmt. Denken Sie an die Zukunft: Irgendwann wird es Situationen geben, die viel interessanter sind als das Leckerli in Ihrer Hand. Wenn der Hund gelernt hat, dass Kommen nicht nur mit einer Leckerei belohnt wird, sondern zu den Grundgesetzen seines Lebens gehört, können Sie in solchen Momenten sicher sein, dass er auch kommen wird. Und alles konsequente Üben hat sich hundertfach bezahlt gemacht.

DAS IST *wirklich* WICHTIG

[a] FREIRAUM Ein Hund, der sicher kommt, hat mehr Freiheit. Deshalb lohnt sich konsequentes Üben.

[b] ERFOLG Rufen Sie den Hund nur, wenn Sie sicher sind, dass Sie sein Kommen auch durchsetzen können (z. B. mit einer Schleppleine).

[c] BELOHNUNG Schicken Sie ihn sofort wieder zurück ins Spiel. So lernt er: Kommen muss zwar sein, ist aber nicht schlimm.

DAS IST *wirklich* WICHTIG

[a] GESETZ Abgeben ist genau wie Kommen ein Grundgesetz für Hunde, das am besten als Spiel getarnt trainiert und dadurch schnell zur Selbstverständlichkeit wird.

[b] ROLLENTAUSCH Im Spiel auch mal den Hund gewinnen lassen – das festigt die Bindung und macht Spaß. Wichtig ist, dass die Übung im Ernstfall immer klappt.

[c] VERSUCHUNG Machen Sie es wie die Hundemutter und lassen Sie hin und wieder ein „verbotenes" Objekt absichtlich in verführerischer Nähe des Welpen liegen. Wenn Sie jetzt auf dem Tabu bestehen, verfestigen Sie nicht nur das Verbot, sondern auch Ihre Führungsrolle.

SIGNAL AUS
Eine Versicherung fürs Leben

Welpen nehmen alles ins Maul, egal ob es sich um Ihren Lieblingsroman oder einen Kauknochen handelt. Was das Wörtchen „Aus" bedeutet, sollten Sie ihm deshalb im eigenen Interesse bald beibringen.

SIGNAL „AUS" EINFÜHREN

Wie immer verknüpfen wir auch diesen Begriff mit einer schönen Erfahrung. Das heißt: Wir spielen das Beutespiel mit dem Hundekind, ziehen und zerren vorsichtig am Spielseil mit ihm und sagen ganz unvermittelt, mitten im schönsten Spiel: „Aus". Gibt er das Seil nicht her, können Sie Zeigefinger und Daumen hinter seine Zahnleiste schieben, so dass er das Spielzeug loslassen muss. In dem Moment, wo wir es frei in der Hand halten, loben wir den kleinen Kerl („Super"/„Prima") – und spielen gleich weiter, indem wir ihm mit den Worten „Hols dir" das Seil wieder ins Maul geben oder ein Stück werfen. Wichtig: Bringen Sie Spannung ins Spiel, indem Sie mit einem Wechsel von Spannungsaufbau – „Aus" und dann kurz warten – und Spannungsentladung – „Hols dir" – spielen. Das „Aus-Spiel" spielen wir mit dem Welpen ab jetzt täglich und mit viel Enthusiasmus – und bald wird er wie automatisch und fröhlich auf das Wörtchen „Aus" das Seil loslassen. Auf diese Weise hat der Hund den Begriff „im Spiel" gelernt – es macht ihm Spaß, das Objekt loszulassen, weil es zum Spiel dazugehört.

SIGNAL „AUS" VERFESTIGEN

„Aus" können Sie von nun an dem kleinen Hund entgegenrufen, sobald er die Schärfe seiner Zähne am Teddy Ihrer Tochter testen möchte, und er weiß genau, was Sie damit meinen. Auf zwei Weisen wird er reagieren.

Er gibt den Gegenstand her
Sie freuen sich, loben den braven Hund, nehmen den Teddy weg und betiteln ihn mit einem strengen „Nein". Sofort im Anschluss animieren Sie das Hundekind, Ihnen zu folgen, und zeigen ihm all die herrlichen Spielsachen, die Sie extra für ihn besorgt haben. Und weil es so schön ist, spielen Sie gleich ein bisschen mit ihm. Der Hund lernt: Es gibt Spielsachen, die sind verboten, andere sind erlaubt.

Er gibt den Gegenstand nicht her
Vielleicht hat der Hund die Hoffnung, dass Sie mit ihm spielen möchten? Jedenfalls zerkaut er den Teddy begeistert weiter, läuft vielleicht sogar damit weg. Jetzt muss er merken, dass wir damit nicht einverstanden sind: Warnen Sie ihn mit einem scharfen „Nein" vor, um dann „Aus" anzufügen. In dem Moment, in dem Ihr Welpe sein Kauobjekt freigibt – egal ob freiwillig oder indem Sie mit Fingern nachhelfen mussten – loben Sie ihn ruhig, legen das verbotene Stück neben ihn, betiteln es noch mal nachdrücklich mit „Nein". Testen Sie, ob der Hund verstanden hat, und setzen Sie ihn der Versuchung aus, indem Sie in die andere Richtung schauen. Verhält er sich vorschriftsmäßig, ist Ihre Freude natürlich groß, und Sie locken den braven Kerl zu seinen Spielsachen (laufen Sie vor, klatschen Sie auffordernd in die Hände und rufen Sie ihn mit „Komm" und Namen). Animieren Sie ihn dazu, mit diesen „erlaubten Dingen" zu spielen, indem Sie ihn beim Spiel immer wieder loben. Wenn Sie so vorgehen, wird er sehr schnell begreifen, dass „Aus" nicht nur im Spiel, sondern auch im Leben eine wichtige Bedeutung hat.

TOLLPATSCH AUF VIER PFOTEN

SPITZE ZÄHNE
Hände, Hosenbeine & Co.

Welpenzähne sind wie kleine Nadeln, leider lieben und brauchen Hundekinder den Kontakt zu uns durchs Maul.

IN HÄNDE BEISSEN

Welpen haben wie Menschenkinder eine „orale Phase", in der sie alles ins Maul nehmen möchten. Das kann gefährlich werden, wenn sie dabei giftige Gegenstände aufnehmen, soll aber im Nahkontakt mit uns meist ein Zeichen von Zuneigung sein. Bevorzugt in ruhigen, entspannten Momenten wollen sie deshalb unsere Hände und Arme in ihr Maul nehmen und zärtlich bekauen. Das ist nett gemeint, gäbe es da nicht ein paar kleine, sehr spitze Probleme: die Welpenzähne. Das heißt für uns: Inniges „Ins-Maul-Nehmen" ist in Ordnung, solange es nicht in ein schmerzhaftes Beißspiel überleitet. Die Übergänge zwischen Zärtlichkeitsbekundung und wilder Toberei sind bei Hundekindern ziemlich fließend. Im Spiel in Hände zu schnappen, ist aber für jeden Hund ein absolutes Tabu. Der Welpe kann den Unterschied schnell lernen, indem wir ihm unsere Grenzen zeigen: Immer, wenn wir uns in der schönsten Schmusestunde mit Hund befinden, lassen wir ihn unsere Hand in sein Maul nehmen und sanft (!) darauf kauen. Sobald es auch nur annäherungsweise weh tut, reagieren wir vollkommen übertrieben: Wir quieken laut auf. Der junge Hund wird erstaunt mit dem Kauen aufhören – und vorsichtiger weiterkauen. Er kennt diese Reaktion nämlich von seinen Geschwistern; hier ist es gängiger Umgangston, der dem anderen signalisiert: Sei vorsichtiger. Doch was sollen wir tun, wenn er der Versuchung erliegt und testen möchte, wie unsere Hand auf ein Beißspielchen reagiert? Hier verstehen wir gar keinen Spaß: Wir quieken wieder eindrucksvoll, sagen „Nein" und entziehen ihm die Hand. Hört er nicht auf oder steigert sich in das Beißspiel hinein, wiederholen wir mit Nachdruck unser „Nein" und schubsen ihn ein Stück weg. Tipp bei hartnäckigen Beißern: Fassen Sie ihm über die Schnauze und drücken Sie dort, wo Sie kleine Einbuchtungen fühlen, leicht zu und halten einen kurzen Moment diesen „Schnauzgriff". Danach wenden Sie sich ab und lassen ihm einen Moment Zeit, über alles nachzudenken. Manche Kandidaten möchten noch einmal testen, ob wir wirklich nicht gebissen werden wollen. Andere belassen es dabei und benehmen sich einfühliger. Der Hund lernt: In Hände beißen ist verboten, zu Händen zärtlich sein erlaubt.

FLIEHENDE HOSENBEINE

Noch etwas fasziniert viele Hundekinder ungemein: Hosenbeine, die sich neben ihnen bewegen. Besonders, wenn sie fröhlich aufgeregt sind, können sie diesem Anblick oftmals nicht widerstehen – und versuchen, das Gewebe mit ihren Zähnen zu fangen, oder springen sogar an uns hoch. Das sollten wir natürlich nicht zulassen: Reagieren Sie sofort und äußerst böse mit „Nein" – und schieben mit dem Bein oder Fuß den kleinen Angreifer deutlich zur Seite. Dabei macht es gar nichts, wenn Sie ihm in der Hektik leicht auf die Pfoten treten: Ein Hund soll uns niemals vor den Füßen herumturnen („Nicht ausweichen", siehe unten) und sich schon gar nicht für Kleidung interessieren. Verfestigen Sie das neue Verbot, indem Sie gleich nach der Reglementierung wieder ein Stückchen neben ihm laufen. Auch hier gilt: Der Hund soll unten bleiben und nicht nach dem Hosenstoff schnappen.
Sie können sich darauf verlassen: Je weniger Spaß Sie in dieser Angelegenheit verstehen, desto schneller wird er seinen Übermut zügeln und nur noch fröhlich neben Ihnen hertraben.

NICHT AUSWEICHEN Hunde müssen ab der ersten Woche im neuen Zuhause lernen, dass sie uns nicht in den Weg laufen sollen. Das kann nämlich beim ausgewachsenen Hund nicht mehr niedlich, sondern eine gefährliche Stolperfalle sein. Deshalb weichen Sie Ihrem Hundekind nicht aus. Stattdessen gehen Sie weiter und schieben es vorsichtig – aber bestimmt – mit dem Fuß zur Seite.

DAS IST *wirklich* WICHTIG

[a] SCHNAUZENZÄRTLICHKEIT Die meisten Hunde lieben innige Zärtlichkeit mit vertrauten Menschen und Artgenossen. Dabei setzen sie besonders gerne und überaus vorsichtig ihre Zähne ein – zur gegenseitigen Ganzkörpermassage und als Liebeserklärung.

[b] BEISSEN LERNEN Welpen können schnell lernen, wie dünn unsere Haut im Vergleich zum Hundefell ist. Lassen Sie zärtliches Kauen gerne zu, zeigen aber sofort durch hohes Quieken, wann Ihre Schmerzgrenze überschritten wird.

ANGELEINT
Halsband, Geschirr und Leine

Wahrscheinlich haben Sie schon vor Wochen ein hübsches Halsband oder Geschirr gekauft. Ist nun der große Moment gekommen, in dem der Welpe das schicke Stück zum ersten Mal umgelegt bekommt, dann rechnen Sie lieber von vornherein mit einer erschütternden Undankbarkeit.

HALSBAND UND GESCHIRR

Jeder Hund muss sich daran gewöhnen, ein Band um den Hals oder Geschirr um den Körper zu tragen. Da kleine Welpen meist ziemlich theatralisch veranlagt sind, veranstalten viele von ihnen ein großes Geschrei und Gekratze, um das „Ungeheuer" wieder loszuwerden. Sie können dem Hund diese Phase der Annäherung erleichtern, indem Sie das Anlegen von Anfang an mit einem positiven Erlebnis verbinden. Solche netten Anlässe können z. B. sein: Jedes Mal vor dem Spielen, wenn er sein Futter bekommt, wenn wir mit ihm nach draußen gehen. Sie glauben gar nicht, wie schnell der kleine Kerl Geschirr und Halsband mit den schönen Dingen des Lebens verbinden lernt.

SCHLEPPLEINE

Wie bereits im Kapitel „Vorbereitung" (siehe S. 38) beschrieben, sollten Sie den Welpen während der ersten Lebensmonate unbedingt durch eine Schleppleine sichern, die am Geschirr befestigt wird, damit empfindliche Nackenwirbel geschont werden. Mit der Gewöhnung an die Schleppeine gehen wir ganz ähnlich vor: Auch sie wird am Anfang nur zu besonderen Anlässen im Welpenleben hervorgeholt. Wichtig: Leinen sind in den ersten Tagen vollkommen frei von irgendeinem Erziehungsauftrag. Das heißt: Sie darf seine Bewegungsfreiheit niemals einschränken, sondern soll zum langweiligen Alltagsgegenstand werden. Deshalb schleifen Leinen am besten von Anfang an immer dann hinter dem Welpen her, wenn es etwas Leckeres zu fressen gibt oder wir gleich rausgehen wollen.

STADTLEINE

Neben der Schleppleine brauchen wir für Ausflüge in die Stadt eine kürzere Leine, die wir in der Länge verstellen können. Sobald sich unser Welpe auch an diese Leine gewöhnt hat, beginnen wir mit dem „Anti-Zieh-Training". Dabei muss der kleine Abenteurer nach ein paar Tagen lernen, dass Zug an der Leine ihm keinerlei Vorteil bringt. Im Gegenteil: Sobald Zug aufgebaut wird, gehen wir ein paar Schritte rückwärts und sagen deutlich „Nein". Den Welpen ziehen wir dabei mit. Bleibt er an lockerer Leine, wird er gelobt und der Weltenentdecker darf nebenbei schnuppern und laufen, wie er will. Erst wenn er wieder zieht, um zu einem besonderen Duft oder einem anderen Hund zu gelangen, bleiben wir wieder abrupt stehen, sagen „Nein" und treten den Rückzug an. So lernt der junge Hund mit der Zeit: „Ziehen bringt mich weg von dem, wo ich hin will. An entspannter Leine komme ich meinem Ziel näher und ich habe viel Zeit zum Schnuppern." Was meinen Sie: Wofür werden sich unsere schlauen, kleinen Hunde bald entscheiden?

Ableinen erst im Sitz

Immer wieder kann man auf Hundewiesen sehen, wie Hunde beim Anblick ihrer spielenden Artgenossen aufgeregt in der Leine hängend vom Besitzer abgeleint werden und dann lospreschen... Lassen Sie es bitte nicht so weit kommen. Zum einen, weil der Hund unter Zug die Belohnung bekommt, loshasten zu dürfen, und so fürs Ziehen belohnt wird. Zum anderen, weil Sie kontrollieren, wann er zu anderen Hunden rennen darf. Deshalb muss sich ein Hund immer absetzen und auf unser ruhiges Zeichen warten, bis er zu Artgenossen laufen kann.

TOLLPATSCH AUF VIER PFOTEN

HINSETZEN
Ein Signal für jede Gelegenheit

Damit unser Welpe gar nicht erst beginnt sich zu langweilen, können wir schon nach ein paar Tagen damit anfangen, ihm das „Sitz" spielerisch beizubringen.

SITZ MIT SPIELZEUG

Nehmen Sie ein Spielzeug in die Hand, z. B. einen Seilknoten, und halten es mitten im Spiel hoch über den Kopf Ihres Welpen. Geben Sie dabei das Signal „Sitz". Sie müssen das Spielzeug so nach hinten führen, dass der Welpe ihm mit seinem Blick folgt, in Schräglage gerät und somit automatisch den Po auf den Boden setzt. Halten Sie in dieser Position ganz kurz die Spannung, wiederholen „Sitz" und spielen erst weiter, indem Sie gleichzeitig „Lauf" sagen und somit das Signal „Sitz" wieder auflösen (siehe S. 73 unten). Diese Übung bauen Sie ab heute täglich mehrmals in die Spielstunde ein. Sie werden begeistert sein, wie schnell Ihr Hund verstanden hat, was das Wort „Sitz" bedeutet, und wie gerne er diesem wichtigen Wörtchen folgen wird. Es ist für ihn Teil eines Spiels, das er gerne mit Ihnen spielt.

SITZ MIT LECKERCHEN

Statt mit einem Spielzeug, können Sie das Signal auch mit einem Leckerchen aufbauen, z. B. bei Hunden, die mit Spielzeug schwer zu motivieren sind. Führen Sie das Leckerchen ebenfalls über den Kopf des Hundes nach hinten und geben Sie es, sobald er den Po auf dem Boden hat. Achten Sie darauf, dass er nicht sofort danach aufsteht, um auf der Belohnung herumzukauen. Auch hier wird die Übung mit „Lauf" beendet. Die Futterbelohnung sollte aber bald ausgeschlichen werden. Der Grund: Einige schlaue Exemplare machen sonst nämlich gerne die Leckerei zur Bedingung fürs Hinsetzen. Versuchen Sie deshalb am besten von Anfang an, Hunde hauptsächlich über ein Spiel fürs Lernen zu begeistern.

ALLTAGSSITUATIONEN

Sobald er verstanden hat, was „Sitz" bedeutet, integrieren Sie die neue Übung in den Alltag. Denn ab jetzt gibt es Situationen, in denen er sich immer hinsetzen muss.

Vor dem Fressen
Er muss sitzen und warten, bis er zu seinem Napf darf. Das ist am Anfang eine enorm schwierige Übung, besonders für unsere dauerhungrigen Kandidaten. Deshalb können Sie am Anfang beruhigend die Hände zu Hilfe nehmen – aber trotzdem mit strenger Stimme das „Sitz" immer wieder wiederholen. Halten Sie ihn zu Beginn immer nur kurz in dieser Position – und schicken ihn dann (z. B. mit den Worten „Hols dir") zum Fressen. Mit der Zeit können Sie die Hände vorsichtig weglassen, das „Bleib" (siehe S. 74) hinzufügen und die Dauer des Wartens etwas verlängern.

Bevor wir ihn an- und ableinen
Das Ritual ist besonders beim Anleinen eine deutliche Ansage: Jetzt ist das freie Rennen vorbei und wir gehen gesittet spazieren.

Bevor wir aus der Tür treten
Es ist wirklich unangenehm (und auch gefährlich), wenn der Hund immer aus der Tür stürmt, sobald wir sie nur einen Spalt geöffnet haben. Besser: Er setzt sich hin und wir öffnen in Ruhe die Tür.

Bevor wir ins Haus gehen
Stellen Sie sich vor, wie Ihr Hund nach einem langen Regenwetterspaziergang glücklich und dreckig ins Haus stürmt – und direkt aufs neue, weiße Sofa springt. Spätestens jetzt ahnen Sie, dass bestimmte Gewohnheiten im Alltag mit Hund durchaus sinnvoll sein können: Zum Beispiel gesittet vor der Tür zu warten, bis wir die Schuhe ausziehen und das Hundehandtuch für schwarze Pfoten holen konnten. Auch eine herrliche Übung, um das „Sitz und Bleib" zu festigen.

Bevor er aus dem Auto springt
Kein Hund darf aus dem Auto springen, bevor wir ihn nicht dazu aufgefordert haben – zu seiner eigenen Sicherheit und der aller anderen Verkehrsteilnehmer. Das Sitz hilft uns bei dieser Übung: Wenn unser Hund lernt, dass er sich immer hinsetzen muss, bevor er aus dem Auto springen darf, haben wir das unkontrollierte Herausspringen schon verhindert (siehe S. 97). Mit dieser Übung verfestigen wir die „Sitz"- und später „Bleib"-Übung: Der Welpe lernt, dass die Ansage auch in stressigen Situationen gilt.

DAS IST *wirklich* WICHTIG

[a] KONTROLLE Sich kontrollieren lernen – das können auch Hunde. Am besten, indem sie zum Beispiel sitzen bleiben müssen, während wir den Ball werfen. So trainieren sie unter anderem, dem Reiz zu widerstehen, fliehenden Objekten nachzujagen.

[b] SICHTZEICHEN Fangen Sie früh an, neue Begriffe mit Signalen wie dem erhobenen Zeigefinger zu verbinden. Das sorgt für Spannung und bereitet den Hund auf Handzeichen für die Kommunikation auf Distanz vor (siehe auch S. 114).

PLATZ/DOWN
Hinlegen kann so schön sein

Wenn sich der Welpe von allein hinsetzt, sobald er „Sitz" hört, hat er den Begriff sicher abgespeichert. Jetzt können wir anfangen, ihn mit der Bedeutung des Wörtchens „Platz" oder „Down" vertraut zu machen.

PLATZ MIT SPIELZEUG
Sie setzen sich auf den Boden und spielen mit dem Zerrseil mit Ihrem Hund. Stellen Sie Ihre Beine zu einem „V" auf. Dann ziehen Sie das Seil am Boden entlang, unter Ihren aufgestellten Beinen hindurch, so dass der Welpe hindurchkriechen und sich dafür hinlegen muss. In diesem Moment sagen Sie „Platz" oder „Down" und halten den Hund kurz in der Position – um danach gleich weiterzuspielen.

PLATZ MIT LECKERCHEN
Anstatt des Spielzeugs können Sie auch ein Leckerchen nehmen. Nehmen Sie ein Futterstück in die Hand und knien Sie neben Ihren Welpen. Dann ziehen Sie das Leckerchen von seiner Nase nach unten zum Boden und nach vorn. Er wird ihm folgen und sich dabei hinlegen. Sobald sein Bauch den Boden berührt, geben Sie das Signal und die Belohnung. Mit „Lauf" können Sie die Übung beenden.

PLATZ MIT SIGNALEN
Hat der Welpe den Begriff verstanden, können wir uns im nächsten Schritt vor dem Welpen positionieren und ihm mit der Hand das „Down"- oder „Platz"-Signal zeigen. Dazu klopfen wir zuerst mit der flachen Hand leicht vor ihm auf den Boden und wiederholen dabei „Down". Liegt der Welpe, freuen wir uns gigantisch über diesen cleveren Kerl und spielen gleich weiter mit ihm. Später reicht es dann, wenn wir nur noch die Bewegung mit der flachen Hand ausführen, ohne den Boden zu berühren. So lernt er von klein auf die Geste mit dem Wort zu verbinden – und wird sie als erwachsener Hund sogar auf weite Entfernung hin ausführen (siehe S. 114). Ab jetzt bauen wir das Platz immer wieder in jede Spielerei ein, aber wechseln es regelmäßig mit Sitz ab: Dadurch lernt er, die beiden Begriffe zu unterscheiden. Sie müssen im Alltag alle Übungen immer wiederholen, besonders wenn Sie neue Lektionen trainieren. Nur so vergisst der Welpe die alten nicht wieder, lernt, die einzelnen Signale voneinander zu unterscheiden, und reagiert irgendwann wie „im Schlaf" auf uns.

BEENDEN EINER ÜBUNG Das Wort „Lauf" ist enorm wichtig und sollte unbedingt zu unserem Grundwortschatz im Umgang mit Hunden gehören: Damit bekommen alle Übungen ein klares Ende. So lernt der Hund, dass er nicht loslaufen darf, bevor wir es ihm erlauben. Das hört sich streng an, dient aber seiner Sicherheit: Auf diese Weise beugen wir vor, dass er unkontrolliert wegrennt, sobald er etwas Interessantes erspäht hat. Wenn ein Hund schon als Welpe verinnerlicht, dass jede Übung einen Anfang und ein Ende hat, wird er das wie automatisch ausführen.

BLEIB
So bleibt Ihr Welpe sitzen oder liegen

Bis hierhin hat der Welpe schon gelernt, was „Sitz" und „Platz" bedeutet. Jetzt steigern wir diese Spielstufe: Von nun an soll der Welpe sitzen bleiben, während wir uns von ihm entfernen.

SCHRITT 1
Wir setzen oder legen den Hund ab, sagen deutlich „Bleib" und strecken langsam die Knie, bis wir halb aufgerichtet sind. Dazu halten wir die Hand deutlich in der „Bleib"-Position: Die Hand wird zum Hund abgewinkelt, so dass er unsere Handinnenfläche vor seiner Nase sieht. Sinn und Zweck: Später, wenn der Hund erwachsen ist, reicht das Handzeichen von der Ferne aus – und er weiß, dass er warten soll, bis Sie wiederkommen. Fürs Erste reicht das schon aus: Der Welpe muss lernen, ruhig sitzen zu bleiben, auch wenn wir uns vor ihm aufrichten. Im Laufe der nächsten Tage stellen wir uns auf diese Weise vor ihn hin – bei manchen Welpen klappt das schon am ersten Tag, andere Hunde müssen mit mehr Geduld daran gewöhnt werden.

SCHRITT 2
Sobald Sie sich vor ihm aufrichten können, ohne dass der Hund aufspringt, können Sie sich langsam – pro Übungseinheit einen Schritt weiter – weg vom sitzenden Hundekind entfernen. Dabei gehen wir am Anfang immer wieder zu ihm zurück und loben ihn ruhig, während er noch sitzen oder liegen bleiben soll. Erst nach dem ruhigen Loben, „erlösen" wir ihn mit „Lauf" und einer fröhlichen Rangelei.

SCHRITT 3
Je älter der Hund wird und je länger wir die Lektion üben, umso weiter können wir von ihm weggehen und die Dauer des Sitzenbleibens erhöhen. Wenn die Übung ganz sicher sitzt, können wir vorsichtig damit anfangen, den Hund zu uns zu rufen. Hunde lieben das: Das Rennen zu uns und die anschließende Toberei ist eine großartige Motivation, bei dieser Übung brav mitzumachen.

SCHRITT 4
Noch eine Steigerung der Spielstufe: Sie gehen, später rennen oder hüpfen Sie weg – und verstecken sich hinter Bäumen, treten wieder hervor und rufen ihn dann ab. Er lernt: Auch unter merkwürdigen Bedingungen und wenn mein Mensch aus dem Sichtfeld verschwindet, gilt das „Bleib" weiterhin.

SCHRITT 5
Langsam steigern Sie Ihre „Versteckzeit": Verborgen hinter Büschen oder Bäumen bleiben Sie einen Moment stehen, zählen anfangs bis fünf, später bis 60, irgendwann fünf Minuten – und treten dann ruhig wieder auf den Weg, verharren kurz – denken Sie an den Spannungsaufbau – und rufen ihn dann zu sich. Das erlösende Rennen zu Ihnen hin wird von Hunden als sehr motivierend wahrgenommen – besonders, wenn Sie vor Begeisterung über Ihren gelehrigen Freund in die Hände klatschen und Ihrer Freude ohne Hemmungen Ausdruck verleihen. Ihre Anerkennung wird für ihn die schönste Belohnung sein und ihn motivieren, noch viel mehr zu lernen, z. B. das lustige Bleib-aus-der-Bewegung-Spiel (S. 77 / 4).

GEDULD NICHT STRAPAZIEREN
Es fällt einem kleinen Hund besonders schwer, sitzen zu bleiben, wenn er weiß, dass er gleich losrennen darf. Geduld gehört nämlich nicht zu den großen Tugenden von Hundebabys. Deshalb: Beginnen Sie mit diesem Übungsende nicht zu früh, sondern erst, wenn das „Bleib" sicher sitzt – und streuen Sie es dann auch nur ab und an ein.

Was tun, wenn der Welpe aufsteht?
Schicken Sie ihn, ohne zu zögern, mit „Sitz" oder „Platz" an exakt die Stelle zurück, an der Sie ihn vorher platziert haben. Danach geht das Spiel von vorne los. Doch um die Übung dieses Mal mit einem Erfolgserlebnis zu beenden, sollten wir eine Distanz wählen, die unser Welpe sicher aushalten kann. Hat jetzt alles geklappt, gehen wir gleich zum Hund zurück, loben ihn ruhig an Ort und Stelle und rufen ihn mit „Lauf" aus der Position ins Spiel.

DAS IST *wirklich* WICHTIG

[a] **PRAXISBEZUG** Ein Hund, der zuverlässig bleibt, macht das Leben sicher und angenehm: Er springt nicht aus dem Auto und hütet Kakao und Einkäufe, wenn Sie im Café mal auf die Toilette müssen.

[b] **ABLENKUNG** Um einen zuverlässigen „Bleiber" zu bekommen, sollten Sie die Übung später unter Ablenkung, zum Beispiel in der Stadt (siehe S. 93) oder unter merkwürdigen Bedingungen (siehe S. 101), trainieren.

DAS IST *wirklich* WICHTIG

[a] ANFANG UND ENDE Trainieren Sie die Fußübung, indem Sie den Hund zu Beginn und am Schluss absetzen. Auch wenn Sie Ihren Hund an- und ableinen, sollte er sich vorher hinsetzen. So kommt Konzentration auf, besonders wenn der Hund vorher wild mit seinen Kumpels toben durfte.

[b] FUSS UND LAUF Gestalten Sie die Fuß-Distanzen am Anfang kurz und hören Sie immer dann auf, wenn der Hund gerade gut neben Ihnen läuft. Verdeutlichen Sie ihm den Wechsel zum Laufen an lockerer Leine, indem Sie ihn absetzen, loben, die Leine lang machen und dann ruhig „Lauf" sagen.

FUSSLAUFEN
Erste Schritte an unserer Seite

Bei-Fuß-Gehen ist die schwerste Übung für Hund und Halter; das ist auch der Grund, warum wir sie so selten in Perfektion vorgeführt bekommen.

Viele Hundebesitzer träumen von einem Hund, der sein Leben lang stramm neben ihnen auf Beinhöhe trabt. Die Enttäuschung folgt „bei Fuß": Die meisten Hunde betrachten das Fuß-Gehen nämlich als die größte Zumutung in ihrem Hundeleben. Der Grund ist einleuchtend: Das menschliche Schritttempo unterscheidet sich sehr von dem der Hunde. Und die Welt aus der Hundeperspektive bietet viele aufregende Sinneseindrücke, denen man beim Fuß-Gehen schlecht gerecht werden kann. Damit wir uns keinen Illusionen hingeben: Dies ist die schwierigste Übung, das Training wird lange dauern und – am liebsten laufen Hunde frei oder an loser Leine. Deshalb steht zu Beginn, noch vor jedem Fuß-Training, Lernen, wie man an lockerer Leine läuft (S. 69).

Schritt 1
Gewöhnen Sie Ihren Hund an das Wort „Fuß", sobald er an lockerer Leine laufen kann. Starten Sie in kleinen Schritten, das heißt: Sobald er – die ersten Male zufällig – auf Kniehöhe neben uns läuft, betonen wir „Fuß" – setzen ihn bald ab und loben ruhig. Danach geben wir ihn mit „Lauf" frei.

Schritt 2
Jetzt beginnen wir, der Übung auch einen Anfang zu geben: Setzen Sie den Welpen ab, leinen Sie ihn an, gehen los, klopfen an Ihr Bein und sagen das ihm schon vertraute Wort „Fuuuß". Dabei animieren wir ihn, neben uns zu bleiben, indem wir ihn permanent ansprechen und loben („Fuuuß", „Prima"). Sobald er auf diese Weise auch nur drei Schritte neben uns gelaufen ist, freuen wir uns riesig über ihn, setzen ihn ab, loben und beenden die Übung. Der Welpe wird natürlich die ersten Male überhaupt nicht verstehen, was er eigentlich richtig gemacht hat. Aber er verbindet etwas Positives mit dem Wörtchen „Fuß" – und damit ist schon viel gewonnen.

Schritt 3
Diese sehr kurze Übung wiederholen wir von nun an zwei- bis dreimal am Tag. Dabei brechen wir ab und loben ihn immer, sobald er nur kurz neben uns geblieben ist. Hat der Welpe verstanden, was wir von ihm wollen, können wir langsam die Fuß-Strecken verlängern, bis er ein paar Meter freudig neben uns, in Höhe unseres Knies, herläuft.

Schritt 4
Wenn der Hund verstanden hat, was „Fuß" bedeutet, können wir die Übung lebendiger gestalten: Jetzt suchen wir uns kleine Hindernisse, die wir zusammen umlaufen bzw. die übersprungen werden müssen. Durch diese Übungsvariationen fördern wir die Konzentration und das Trainieren macht uns beiden viel mehr Spaß als stures Geradeauslaufen. Auch gut: Wir setzen oder legen den Hund aus dem Gehen oder Laufen ab und lassen ihn dort, während wir uns weiter wegbewegen. Danach darf er auf unseren Ruf wieder aufholen und mit uns weiterlaufen. Auf diese Weise verbinden wir die einzelnen Übungen (Sitz, Bleib, Komm, Fuß) und festigen sie ganz nebenbei.

Das Absetzen vor und nach der Fuß-Übung ist wichtig, weil die Lektion so einen klaren Anfang und ein deutliches Ende bekommt. Hunde, die auf diese Weise trainiert wurden, laufen entspannter neben uns her: Sie dürfen nicht einfach wegrennen, sondern müssen sich vorher noch einmal absetzen. Ergebnis: sie können sich so viel besser auf uns konzentrieren.

LECKERE HAPPEN Weil Bei-Fuß-Gehen trotz großer Bemühungen für viele Hunde immer langweilig bleibt, können Leckerlis zur Motiviation eingesetzt werden. Testen Sie vorsichtig, wie Ihr Hund auf diesen Reiz reagiert: Manche können sich besser, manche vor lauter Fressgier überhaupt nicht mehr konzentrieren. Im letzteren Fall bleiben Sie bitte bei der futterfreien Methode, damit der Hund versteht, worum es uns geht. Die Futterbelohnung können Sie nach und nach abbauen.

TOLLPATSCH AUF VIER PFOTEN

KÖRPERPFLEGE
Anfassen richtig üben

Ob beim Tierarzt oder beim Bürsten zuhause – Hunde müssen sich überall anfassen lassen, im Notfall kann das sogar lebensrettend sein. Und es gibt noch mehr gute Gründe für diese Übung.

SIE FREUEN SICH
Ein Hund, der Bürsten, Baden und Haareschneiden ohne Zappelei über sich ergehen lässt, macht uns das Leben leicht. Deshalb üben wir diese Dinge schon früh und regelmäßig und bestehen darauf, dass der Hund dabei still sitzen oder liegen bleibt, bis wir ihn wieder freigeben.

TIERÄRZTE FREUEN SICH
Machen Sie täglich mit Ihrem Welpen Trockenübungen für den Tierarztbesuch: Streichen Sie mit den Händen an beiden Körperseiten entlang, schieben Sie die Handflächen unter die Ellenbogen und Schenkel. Lassen Sie sich alle Pfoten geben und bohren Sie mit Fingern in den Zwischenräumen der Ballen herum, als ob Sie auf der Suche nach einem eingetretenen Steinchen wären. Streichen Sie über den Kopf, schauen Sie tief in Augen und Ohren, heben Sie die Lefzen und bestaunen Sie sein Gebiss. Dabei können Sie auch das Maul mit den Händen öffnen, um die Kauleisten zu kontrollieren. Machen Sie beim Junghund den Checkup auch in der Seitenlage – so haben Sie eine ähnliche Situation wie bei einer „echten" Notfallsituation geschaffen. Zum Abschluss können Sie den Patienten hochheben, ein Stück tragen und auf einen Tisch stellen. Wichtig: Der Hund muss lernen, bei diesen Inspektionen still zu halten und ruhig zu bleiben. Das ist besonders für Welpen sehr schwierig. Starten Sie dieses Programm deshalb mit einer sehr kurzen Untersuchung und steigern Sie die Dauer und Intensität langsam, aber ständig. Dabei können Sie dem Hund vermitteln, dass Sie es nicht böse mit ihm meinen: Reden Sie liebevoll und ruhig auf ihn ein, aber lassen Sie ihn nicht eher laufen, bis Sie das entsprechende Signal dazu gegeben haben (z. B. „Lauf"/ „OK"). Denken Sie daran: Einem Hund, der sich überall anfassen lässt, kann schneller geholfen werden. Das kann in Notfällen sehr hilfreich und manchmal lebensrettend sein. Aber auch Routineuntersuchungen beim Tierarzt verlieren so viel von ihrem Schrecken und sorgen für eine entspannte Atmosphäre im Behandlungszimmer.

FÜHRUNG WIRD GEFESTIGT
Es gibt noch einen positiven Nebeneffekt dieser Routineuntersuchung: Ihr Hund wird nicht nur berührungssicher, sondern akzeptiert in diesem Moment auch Ihre Führungsposition. Denn Körperkontrolle kann man auch in Wolfs- und Hundegruppen beobachten, hier dürfen Rudelmitglieder andere Genossen untersuchen, während diese dabei still liegen sollen. Hundemütter und -väter nehmen sich z. B. regelmäßig ihren Nachwuchs vor und beschnüffeln ihn ausgiebig. Der Welpe liegt dabei meist auf dem Rücken und lässt die Prozedur mehr oder weniger entspannt über sich ergehen – je nach Charakter. Versucht er, sich der Inspektion zu entziehen, wird er ruhig aber bestimmt zurechtgewiesen und muss warten, bis die Eltern fertig sind. Diese Untersuchung ist keine Schikane, sondern hat wichtige Funktionen: Der Welpe lernt, sich zu unterwerfen, die Eltern prägen sich wahrscheinlich den individuellen Geruch, hormonellen Entwicklungsstand und die psychische Verfassung des Nachwuchses ein und unterstreichen mit der Schnüffelei ganz nebenbei ihre gehobene Position.

DAS IST *wirklich* WICHTIG

[a] KÖRPERKONTROLLE Manche Welpen halten nicht viel von Gesundheitschecks. Bestehen Sie trotzdem darauf: So lernt der Hund nicht nur Berührungen an ungewohnten Stellen, sondern auch Frust zu ertragen – eine wichtige Fähigkeit für alle sozialen Lebewesen.

[b] KÖRPERSPRACHE Behalten Sie trotzdem, wie schon beim Nahkontakt auf Augenhöhe (siehe S. 54), Verhaltenssignale im Blick: Manche Hunde mögen keine Körperlichkeit. Bei diesen Kandidaten halten wir die Untersuchungszeit kurz und beenden die Übung mit einer Belohnung.

GUTE GESUNDHEIT
Schutz vor Krankheiten

Züchter geben ihre Welpen entwurmt und geimpft an die neuen Besitzer ab, und hoffen, dass diese die Grundimmunisierung und den Parasitenschutz im Laufe des ersten Lebensjahres fortsetzen. Ist das wirklich nötig?

IMPFUNGEN

Impfungen sind nicht unumstritten; besonders die Impfintervalle nach der Grundimmunisierung geben immer wieder Anlass zu Diskussionen. Neu auf dem Markt sind Präparate, die man nicht mehr jedes Jahr impfen muss, sondern erst nach drei oder sogar vier Jahren – fragen Sie dazu Ihren Tierarzt. Generell gilt besonders bei der Tollwut: Jedes Land hat seine eigenen Gesetze. Wenn Sie mit Ihrem Hund verreisen möchten, sollten Sie die gesetzlichen Vorschriften des Urlaubslandes kennen. Viele der Krankheiten, gegen die routinemäßig geimpft wird, gelten in Deutschland zwar als ausgerottet, doch durch den Import von Hunden aus dem Ausland und Urlaubsreisen raten Tierärzte dazu, den Impfschutz durch regelmäßige Auffrischungen aufrechtzuerhalten. Die aktuelle Impfempfehlung für Welpen des Bundesverbandes Praktizierender Tierärzte (bpt) zeigt, wann Sie mit Ihrem Hund im Laufe der ersten zwei Jahre zur Immunauffrischung müssen (siehe Tabelle).

Hepatitis Contagiosa Canis (HCC) = durch einen Virus hervorgerufene Leberentzündung, je nach Verlaufsform tritt der Tod innerhalb weniger Stunden ein, oder es kann zu einer chronischen Erkrankung kommen.

Leptospirose = Impfung schützt gegen zwei der insgesamt 12 Bakterienstämme. Bei später Diagnose ist der Verlauf oft tödlich.

Parvovirose = ist eine virale Infektion, die Symptome wie hohes Fieber, Durchfälle und eine Abnahme an weißen Blutkörperchen auslöst. Bei sehr schweren Verläufen sterben Welpen innerhalb von 24 bis 48 Stunden.

Staupe = Bei dieser Viruserkrankung treten Fieber, Atemwegserkrankungen, Durchfall, Erbrechen und Abgeschlagenheit auf. Spätfolge: eventuell Schädigung des Gehirns.

Tollwut = zwar gilt Deutschland offiziell seit 2008 als tollwutfrei, doch für Reisen ins Ausland sind Impfungen Vorschrift.

PARASITEN

Nicht nur Sie, sondern auch sämtliche Flöhe, Würmer und Zecken in Ihrer Umgebung freuen sich über den kleinen Welpen. Deshalb sollten Sie ihn und sich vor diesen Plagegeistern schützen.

Rund- und Spulwürmer

Schon im Uterus werden Embryonen durch Wurmlarven infiziert, die aus der Muskulatur der Mutter einwandern. Deshalb werden Welpen bereits beim Züchter im Alter von acht bis vierzehn Tagen zum ersten Mal entwurmt. Zunächst schlucken die Hundekinder das Mittel alle 14 Tage, danach im Abstand von vier Wochen. Das bedeutet, dass neue Hundebesitzer die Entwurmung fortführen müssen – allerdings kann ab der 16. Lebenswoche mit einem Rhythmus von vier Entwurmungen pro Jahr begonnen werden. Tierärzte empfehlen Mittel, die gegen alle Würmer gleichzeitig wirken.

Flöhe & Zecken

Es gibt zwei Möglichkeiten, die pieksenden Plagegeister zu vertreiben: Zum einen verwenden Tierärzte abschreckende Mittel, die dafür sorgen, dass die Parasiten den Hund meiden, zum anderen können Spoton-Präparate auf den Nacken oder das Fell gegeben werden, die dann über die Blutbahn von den Flöhen und Zecken aufgenommen werden und den Schmarotzer töten. Ganz neu auf dem Markt sind Tabletten, die monatlich gegeben werden und Flöhe abtöten sollen.

Welpen und Junghunde im Alter von…	HCC	Leptospirose	Parvovirose	Staupe	Tollwut
8 Lebenswochen	x	x	x	x	/
12 Lebenswochen	x	x	x	x	x
16 Lebenswochen	x		x	x	x
15 Lebensmonate	x	x	x	x	x

TOLLPATSCH AUF VIER PFOTEN

BADESPASS
Wie Hunde Wasser lieben lernen

Schwimmen Sie gerne? Und am allerliebsten im Badesee? Na dann, nichts wie hin. Und vergessen Sie ja nicht, Ihren Welpen mitzunehmen. Denn je früher Sie ihn an das kühle Nass gewöhnen, desto unbedarfter wird er Ihnen in das fremde Element folgen.

FREIWILLIG INS KÜHLE NASS

Ganz wichtig beim ersten Kontakt mit Wasser: Sie dürfen den Hund niemals zum Schwimmen zwingen. Unsere Badebegleitung muss das Element alleine entdecken dürfen. Am besten, Sie verhalten sich wie immer: schlüpfen in Ihre Schwimmsachen, gehen ans Ufer und dann in den See. Bleiben Sie eine Zeitlang stehen und genießen den Augenblick, Sie können sicher sein: Ihr junger Hund wird Sie – wie immer – genau beobachten. Vielleicht wird er aufgeregt kläffen, um Ihnen so mitzuteilen, dass er noch niemals geschwommen ist. Ignorieren Sie ihn weitgehend, reden Sie ihm kurz beruhigend zu, fordern Sie ihn auf, Ihnen zu folgen – aber immer ganz ohne Druck, ohne Zwang. In dieser Situation zeigen sich oft große Persönlichkeitsunterschiede: Einige Hunde gehen, ohne zu zögern, mit ins Wasser, andere arbeiten sich Schritt für Schritt vor, manche gruselt es beim Anblick glatter Wasserflächen bis an ihr Lebensende. Doch die Mehrheit wird uns früher oder später ins Wasser folgen. Schließlich vertraut der Hund unseren Erfahrungen, wir geben ihm Sicherheit und darüber vergisst er seine Angst. Irgendwann traut er sich, den sicheren Boden unter den Pfoten zu verlassen und zu erkennen, dass auch er schwimmen kann – ein großartiges Erlebnis für jeden Hund.

BADEREGELN

1. Wählen Sie fürs erste Mal ein stilles Gewässer. In schäumende Wellenberge und kaltes Meerwasser zu springen, kostet Welpen viel mehr Überwindung.
2. Warten Sie auf warme Tage: Eiskaltes Wasser wirkt nicht sehr einladend.
3. Lassen Sie dem Welpen viel Zeit, das fremde Element selber zu entdecken.
4. Gehen Sie alleine mit ihm schwimmen: Dann ist die Wahrscheinlichkeit größer, dass er Ihnen folgen wird, denn junge Hunde bleiben ungern allein irgendwo zurück.
5. Werfen Sie ihn nicht vom Steg oder vom Boot ins Wasser, weil Sie ungeduldig werden. Das kann ihm unter Umständen seine Freude am Baden ein Hundeleben lang verleiden und wird auch sein Vertrauen in Sie erschüttern.
6. Machen Sie das Halsband ab. Der Hund könnte sich mit der Pfote darin verfangen, würde sich in der Folge hilflos auf den Rücken drehen – und ertrinken.
7. Vermeiden Sie Frieren: Der Welpe sollte nach dem Schwimmunterricht gut abgetrocknet werden und sich bewegen, damit er nicht unterkühlt.

DAS IST *wirklich* WICHTIG

[a] ERMUTIGUNG Ermutigen Sie den kleinen Entdecker, indem Sie ihn für seinen Erkundungsgeist mit den Lobwörtern Prima/Fein bestärken.

[b] VORBILDER Erwachsene Hunde sind beim ersten Wasserkontakt perfekte Helfer. Sie zeigen dem Welpen, dass Wasser zwar nass ist, aber Schwimmen viel Spaß bringt.

[c] MIT ALLEN SINNEN Glitschige Steine, der Geruch der Wasseroberfläche, das kalte Nass an den Pfoten – der erste Wasserkontakt ist ein multiples Sinneserlebnis für Welpen.

[d] GEDULD Schenken Sie dem Welpen Zeit, das fremde Element auf eigenen Pfoten zu entdecken. Mischen Sie sich wenig ein, schwimmen Sie einfach mit gutem Beispiel voraus und zeigen ihm so, wie toll Baden ist.

DAS IST *wirklich* WICHTIG

[a] ÜBERFORDERUNG Tausend Reize prasseln auf „Bella" ein – deshalb erschreckt sie sich plötzlich vor bunten Taschen am Wegesrand.

[b] ABLENKUNG Eine Dose mit Leckereien wird in die „gruselige" Tasche geworfen.

[c] SPANNUNG Gleich guckt Bella neugierig nach, wohin die guten Stücke verschwunden sind – und hat die Angst schon fast vergessen.

SOZIALISIERUNG
Nutzen Sie die erste wichtige Zeit

Das größte Lernpotential eines Hundes liegt in der sogenannten „Sozialisierungsphase" – und wir befinden uns gerade mitten darin. Diese Zeit sollten wir also möglichst gut nutzen: Welpen lernen genau jetzt am besten, wie man in unserer Welt als Hund glücklich leben kann.

EINE AUFREGENDE ZEIT

Die Sozialisierungsphase beginnt ungefähr in der vierten und dauert bis zum Ende der 16. Lebenswoche. Diesen Zeitraum sollten wir nicht ungenutzt verstreichen lassen, denn der Welpe hat jetzt viel zu lernen:
1. Wie er sich gegenüber Hunden unterschiedlichen Alters, Geschlechts und Größe zu benehmen hat, damit er zu einem sozialverträglichen Mitglied der Hundegesellschaft heranwächst;
2. dass es viele unterschiedliche Menschen und Menschenkinder gibt, mit denen man regelmäßig freundlichen Kontakt hat;
3. er muss verschiedene Umweltsituationen unserer Lebenswelt kennenlernen (Auto-, Bus-, Bahnfahren, Einkaufsstraßen).

Keine Angst vor so viel Herausforderung
Was sich wichtig anhört, ist in der Praxis nicht schwer. Zu einer guten Sozialisierung brauchen Sie diese drei Eigenschaften:
1. Ein bisschen Fingerspitzengefühl,
2. eine positive Einstellung gegenüber den vielfältigen Erscheinungen der Umwelt.
3. Innere Gelassenheit, die Sie immer dann an den Tag legen, wenn Sie sich mit dem Welpen in neue, für ihn extreme Situationen begeben (z. B. Bahnhof, Zugfahrt, Hundewiese). Der Grund: Junge Hunde beobachten uns genau. Und wenn sie bemerken, dass wir beim Betreten eines Bahnhofs oder beim Kontakt mit fremden Hunden selber unsicher sind, dann werden die kleinen Abenteurer hier schnell Schreckliches vermuten. Besser: Versuchen Sie Ihrem Welpen bei neuen Erfahrungen immer ermutigend, beruhigend und ausgeglichen zur Seite zu stehen. Auch Hunde aus dem Tierschutz können noch an neue Dinge gewöhnt werden. Gehen Sie langsam vor und bringen Sie viel Zeit mit. Setzen Sie sich z. B. auf eine Bank und beobachten zunächst in Ruhe das Geschehen in der Bahnhofsvorhalle. Geben Sie Ihrem Begleiter einen leckeren Knochen. Sobald er weniger gestresst ist, wird er beginnen, an dem Knochen zu kauen und signalisiert dadurch, dass er die Situation als ungefährlich erkannt hat. An anderen Tagen können Sie dann den Rest des Gebäudes erkunden und irgendwann sogar Bahnfahren.

MYTHOS „WELPENSCHUTZ"

Bitte streichen Sie den Begriff „Welpenschutz" aus Ihrem Wortschatz. Es gibt ihn nicht unter einander fremden Hunden. Es gibt ihn innerhalb eines unter natürlichen Bedingungen lebenden Wolfsrudels für die Welpen der Alpha-Fähe. Fremden Welpen begegnet ein Wolfsrudel im eigenen Revier so gut wie nie. Wenn doch, ist davon auszugehen, dass sie als Konkurrenten betrachtet und getötet werden. Hunde sind keine Wölfe und haben im Zuge der Domestikation mehr Toleranz gegenüber fremden Artgenossen im eigenen Wohngebiet entwickelt. Wenn sich erwachsene Hunde im Stadtpark gegenüber albernen Welpen nachsichtig zeigen, dann sind sie also sehr gutmütige, kinderfreundliche Exemplare. Die meisten Hunde nehmen fremde Welpen nicht ernst und gestehen ihnen deshalb ein bisschen Narrenfreiheit zu. Andere Kandidaten sehen es hingegen als ihre Aufgabe an, ein übermütiges, stürmisches Hundekind in seine Schranken zu weisen. Und sie haben recht damit. Auch wenn das nicht zu unserer sehr menschlichen Moral vom „guten Hund" passt: Für einen erwachsenen Hund gehört ein freches Hundebaby in erster Linie erzogen. Er wird den stürmischen, aufdringlichen Welpen vielleicht mit einem Scheinangriff zu Tode erschrecken, so dass der arme kleine Kerl vor Angst in hohen Tönen schreit, sich auf den Rücken schmeißt und gleichzeitig ganz gehörig ins Fell macht. Dieser Anblick wird unser Herz brechen und unseren Adrenalinpegel im Blut hochschnellen lassen. Aber unser Hundebaby hat in diesem Moment eine wichtige Lektion verstanden, die nur andere Hunde ihm beibringen können: Großen, überlegenen und fremden Artgenossen begegnet man zunächst mit Vorsicht und Unterwürfigkeit (siehe S. 89). Diese „grimmigen" Erzieher leisten also wichtige Sozialarbeit: Sie bringen den Jungspunden schon ab der achten Woche korrektes Sozialverhalten bei.

TOLLPATSCH AUF VIER PFOTEN

SELTSAME FREMDE
Erwachsene und Kinder

Machen Sie sich darauf gefasst: Die meisten Mitmenschen reagieren beim Anblick eines Welpen mit verzückten Ausrufen und möchten den kleinen Hund persönlich auf dieser Welt begrüßen.

FREMDE MENSCHEN

Bevor Sie davon genervt sind, sehen Sie diese Reaktion besser als weitere wichtige Welpen-Übung, denn in der Sozialisierungsphase können wir gar nicht genug Kontakt zu Fremden bekommen.

Ihr Hund muss die Gesellschaft von fremden Erwachsenen und Kindern mit Gelassenheit ertragen können und er muss lernen, dass es viele unterschiedliche Ausführungen der Gattung Mensch gibt. Zur Erinnerung: Es gibt bärtige, bierbäuchige und riesige Männer, dünne, betrunkene, humpelnde, laute und leise Personen. Manche Menschen tragen Hüte, aufgespannte Regenschirme oder Brillen, schieben Kinderwagen und Gehwagen vor sich her oder sausen auf Fahrrädern vorbei. Was für uns normal ist, stellt für einen unbedarften Welpen eine erschreckende Fülle menschlicher Erscheinungsformen dar.

Vorbildcharakter

Dass so viele Menschen Ihren Welpen streicheln wollen, sollten Sie also nutzen: Bleiben auch Sie freundlich und reden Sie kurz mit den Mitbürgern. Behalten Sie immer den Welpen im Blick und fahren Sie nach Hause, wenn Sie merken, dass es für ihn an Eindrücken reicht. Bleiben Sie freundlich, auch wenn Sie Ihre Mitmenschen bitten, den Welpen nicht zu streicheln, weil das heute schon zehn andere getan haben. Denken Sie daran, dass Ihr Hund sich daran orientiert, wie Sie Fremden begegnen – er wird dieses Verhalten schnell kopieren. Und ein Hund, der auch unter Stress freundlich und aufgeschlossen bleibt, wird Ihnen das Leben enorm erleichtern.

FREMDE KINDER

Man trifft sie überall und es ist ungemein wichtig, dass wir Hundehalter gut mit ihnen auskommen: fremde Kinder. Kinder gibt es nicht nur in verschiedenen Altersstufen, sondern auch mit ganz unterschiedlichem Benehmen. Das Problem: Für unsere vierbeinigen Freunde sind sie nicht sofort alle als kleine Menschen zu erkennen, weil sie sich oft ganz anders verhalten als Erwachsene. Sie quietschen, schreien, kreischen, toben umher und haben in einem bestimmten Alter eine ausgeprägte Vorliebe für provozierende Spiele mit Tieren. Für unseren Welpen heißt das: Er muss jetzt lernen, dass Kinder grundsätzlich ungefährlich sind, ja sogar enorm liebenswürdige und großartige Spielpartner sein können. In Kontakt mit Kindern zu kommen, ist mit einem Welpen meist kein Problem: Kinder lieben Hundebabys und sogar hundeskeptischen Eltern kann so ein kleiner Kerl ein Lächeln abringen. Also geben Sie Ihr Bestes und zeigen Sie den Kindern, wie man richtig mit einem Hund spielt. Zum Schutz des Hundes brauchen Kinder dafür nämlich eine genaue Anleitung – deshalb sollte in jedem Fall immer ein Erwachsener anwesend sein (siehe S. 143). Ein Welpe, der viele Erfahrungen im Umgang mit Kindern sammeln konnte, wird kleine grabschende Hände später gelassener ertragen, bis Sie ihm zu Hilfe eilen können. Haben Sie keine eigenen Kinder? Dann sollten Sie mit dem Welpen regelmäßig Zeit in der Nähe von Kinderspielplätzen verbringen. Auf diese Weise gewöhnt er sich an das Aussehen und an die Geräusche von spielenden Kindern. Oder vielleicht haben Freunde Kinder in unterschiedlichen Altersstufen? Zeigen Sie denen, wie man sich richtig mit Welpen beschäftigt. Kinder und Hund haben dann viel Spaß miteinander und ihr Welpe lernt früh, dass „kleine Menschen" sich zwar anders benehmen, aber trotzdem prima Spielkameraden sein können.

DAS IST *wirklich* WICHTIG

[a] HUNDELIEBE Fast alle Menschen lieben Welpen. Das trifft sich gut, denn genau jetzt sollte ein Hund sie alle kennenlernen.

[b] RUHEPOL Suchen Sie sich ein Plätzchen am Rande, und lassen Sie den Hund in Ruhe schauen und Kontakt aufnehmen.

[c] BLICKKONTAKT Auch fremde Menschen schauen Hunden in die Augen und meinen das nicht böse – eine wichtige Lektion für Hunde.

DAS IST *wirklich* WICHTIG

[a] SOZIALE REGELN Diese lernen Welpen am besten von Hunden. Sind sie erwachsenen Artgenossen gegenüber zu frech, werden sie in ihre Schranken gewiesen und das nächste Mal zurückhaltender Kontakt aufnehmen.

[b] RUHE BEWAHREN Auch wenn Ihnen Situationen bedrohlich erscheinen: warten Sie ab und vermitteln Sie dem Welpen Zuversicht. Nur wenn andere zu grob sind und er bei Ihnen Schutz sucht, sollten Sie sich einmischen und den Haudegen wegschicken.

[c] FREUNDSCHAFTEN gehören zu einem erfüllten Hundeleben. Aber auch Streiten muss Hund üben – am Anfang am besten in einer Hundeschule unter Aufsicht eines Profis, der Ihnen viel zum Verhalten der Hunde erklärt und Ihnen zeigt, wann und wie Sie gegebenenfalls eingreifen müssen.

ANDERE HUNDE
Spielend voneinander lernen

Welpen erwarten in ihrem Leben gleich zwei soziale Herausforderungen: Sie sollen sich nicht nur in der Menschen- sondern auch in der Hundewelt zurechtfinden. Dabei gilt: Je mehr Welpen mit anderen Hunden spielen, kämpfen und kuscheln dürfen, desto besser können sie als erwachsene Hunde soziale Situationen meistern.

FREMDE HUNDE

Sie haben es wahrscheinlich schon geahnt: Hunde führen ein Doppelleben. Denn fast genauso wichtig wie der tägliche Umgang mit uns ist für den Hund die aufregende Welt der Artgenossen. Hier hat er die Gelegenheit, Freundschaften, Bekanntschaften und vielleicht auch Feindschaften zu pflegen. Wie gut er das alles kann, hängt wieder mal nur von uns ab: Wir müssen lernen, ihn seine eigenen Erfahrungen machen zu lassen. Das fällt Menschen oft nicht leicht, denn in der Hundewelt geht es manchmal recht ruppig zu (siehe S. 128). Und unangenehme Erlebnisse wollen wir unserem kleinen Schützling natürlich gerne ersparen. Nur leider sind Hunde Lerntiere und werden nicht mit einem fertigen Verhaltensknigge zum perfekten Umgang miteinander geboren. Jeder Welpe muss also von gleichaltrigen und älteren Hunden lernen, wie man sich richtig benimmt. Je ausgiebiger er Sozialverhalten üben konnte, desto entspannter werden Sie später an seiner Seite über Hundewiesen spazieren können. Also: Gönnen Sie Ihrem Hund die Erziehung durch Artgenossen und den Spaß vieler Freundschaften.

WELPENGRUPPE

Freundschaften schließt man am besten in der Kindheit. Was liegt da näher, als mit dem Hundekind eine Welpengruppe zu besuchen? Doch der Hundeschulen-Markt bietet ein verwirrendes Angebot an „Trainern", „Verhaltenstherapeuten" und „Hundepsychologen" mit extrem schwankender Qualität. Wahre Goldstücke zu finden, kann sich hier als schwierige Aufgabe entpuppen. Mein Tipp: Besuchen Sie mehrere Schulen, machen den Vergleich anhand dieser Kriterien und vergeben Noten:

Der Hundeschulen-Test
1. Der Trainer erklärt während der Spielphasen viel und verständlich das Hundeverhalten.
2. Die Grunderziehung wird uns gut erklärt und in immer wieder neuen Situationen verfestigt.
3. Wir üben auch auf Feldwegen und im Wald.
4. Auch Ausflüge in die Stadt stehen auf dem Programm. Hier erklärt der Trainer genau, wie man sich rücksichtsvoll verhält und wie Welpen an neue Eindrücke gewöhnt werden.
5. Auf einer Website können sich Kunden ausführlich über das Angebot und die Trainer informieren.
6. Der Trainer kann viele Fortbildungen im Bereich Verhaltensforschung und Trainingsmethoden vorweisen und hat eine vom Bundesland oder der Schleswig Holsteinischen Tierärztekammer anerkannte Prüfung abgeschlossen.
7. Der Trainer zeigt ein gutes Einfühlungsvermögen im Umgang mit Hund und Mensch.
8. Der Trainer vertraut nicht auf eine Methode für alle, sondern gibt Tipps, die an jedes Hund-Mensch-Team individuell angepasst werden.

Konnten Sie hinter alle Kriterien ein Häkchen setzen, dann haben Sie die Perle unter den Hundeschulen gefunden. Die Trainer sind Experten, die sehr professionell handeln. Konnten Sie nicht jeder Aussage zustimmen, haben die Trainer dieser Hundeschule zwar Fortbildungen besucht, zeigen aber in Theorie und Praxis deutliche Schwächen. Schnell das Weite suchen sollten Sie bei einer Hundeschule, die nur mit wenigen Häkchen punkten konnte. Sparen Sie Ihr Geld und suchen Sie nach einer besseren Alternative.

IM RAMPENLICHT
Mit Hund werden Sie zur öffentlichen Person

Trabt ein Hund an unserer Seite, werden wir ganz genau beobachtet: Kommt Fifi, wenn wir ihn rufen? Schnuppert er am Kind in der Karre? Macht Frauchen auch weg, was der Hund hinten fallen lässt? Damit Sie und Ihr Hund ein schönes Bild abgeben, hilft der Stadtknigge.

VERTRAUENSVOLL INS ALLTAGSABENTEUER

Ob es Ihnen gefällt oder nicht: Sobald Sie einen Hund haben, stehen Sie im Rampenlicht. Denn anders als bei der Katzen- oder Meerschweinchenhaltung begeben wir uns mit Hund gemeinsam vor die Tür. Damit unser haariger Freund unseren Mitmenschen dabei viel Freude und wenig Ärger bringt, sollten wir uns rücksichtsvoll verhalten und uns seiner Alltagsausbildung mit viel Hingabe widmen. Klappt alles nach Plan, werden wir zum Dank sehr oft angelächelt, angesprochen und schnell in ein fröhliches Gespräch verwickelt.

Für den gemeinsamen Auftritt in der Öffentlichkeit helfen ein paar Regeln (siehe „Der Stadtknigge", rechts) und ein Trainingsprogramm, das aus unserem süßen Welpen einen selbstbewussten, freundlichen Begleiter durch alle Alltagssituationen macht.

Bleiben Sie freundlich und gelassen

Geben Sie dem Welpen das Gefühl, dass alle seltsamen Aufenthaltsorte der Menschenwelt wie Einkaufszonen, Restaurants oder Bahnsteige eher langweilig sind (siehe auch S. 85). Sie haben den Überblick und können abschätzen, was gefährlich und was harmlos ist. Sie sind seine Leitfigur, der er vertrauen kann. Also: Streicheln Sie den Hund ab und an – und lesen Sie Ihre Tageszeitung in aller Ruhe oder unterhalten sich fröhlich mit anderen Menschen an Orten, die einem Welpen unheimlich erscheinen könnten (Bahnhof, Flughafen, U-Bahnstation, während Bus- oder Bahnfahrten).

Belohnen Sie den mutigen Entdecker

durch Ihre Zuneigung und Anerkennung. Warten Sie, bis ihn Ihre innere Ruhe angesteckt hat. So wird er nicht abgelenkt und kann die Situation selber beobachten und dadurch lernen, dass Angst unbegründet ist. Sobald er sich entspannt hat, können Sie ihm dann einen Knochen geben. Fressen an ungewöhnlichen Orten vermittelt dem Hund, dass hier alles seine Richtigkeit hat. Zeigen Sie ihm mit viel Gelassenheit die Welt. Diese innere Haltung wird sich schnell auf Ihren Welpen übertragen – bald haben Sie einen zuverlässigen Hund an Ihrer Seite.

Stärken Sie sein Hunde-Ego

Ein richtig gut sozialisierter Hund begegnet auch im fortgeschrittenen Alter allen neuen Situationen noch ruhig und neugierig. Diese offene, innere Haltung lässt sich früh fördern, indem wir ihn schon als Welpen immer wieder an ungewöhnlichen Aktionen teilnehmen lassen (siehe S. 101). Zugegeben: Es sieht für Ihre Nachbarn vielleicht etwas merkwürdig aus, wenn Sie den kleinen Kerl in der Schubkarre durch den Garten schieben. Aber der Erfolg kann sich sehen lassen: Der Hund lernt, dass die menschliche Welt ziemlich sonderbar ist, Sie sich aber freuen, wenn er immer ruhig bleibt und sich an Ihren Anweisungen orientiert.

Erfolgserlebnisse werden ihn lebenslang selbstbewusst, neugierig und in seinem Vertrauen zu Ihnen unerschütterlich machen. Er kann allen Herausforderungen seines Lebens aufgeschlossen begegnen, probiert gerne Neues aus, achtet konzentriert auf Ihre Stimme und Ihre Körpersignale – was auch immer kommen mag. Sein Vertrauen in sich selbst und in Sie als Bezugsperson wird weiter wachsen.

DAS IST *wirklich* WICHTIG

DER STADTKNIGGE

1. Wir haben immer Tüten dabei, um aufheben und entsorgen zu können, was unser Hund in Grünanlagen oder sonstigen öffentlichen Plätzen fallen lässt,
2. Mitmenschen werden nur dann vom Hund beschnuppert, wenn sie sich das wünschen,
3. Kindern klaut Hund keine Brötchen, leckt nicht von ihrem Eis ab und beschnuppert sie auch nicht neugierig von Kopf bis zu den Zehen,
4. an angeleinten Hunden gehen wir ruhig vorbei (vielleicht ist der Hund krank/aggressiv/gestresst?) oder warten auf eindeutige Zeichen des Besitzers, ob ein Annäherungsversuch gewünscht ist und
5. in Cafés, Restaurants, Bus & Bahn liegen unsere Hunde ruhig auf dem Boden. Jedes Kommen und Gehen nehmen sie gelassen hin, denn sie haben gelernt, entspannt zu warten, bis es weitergeht.

DAS IST *wirklich* WICHTIG

[a] LIEGEPOSITION Auch wenn es anfangs schwer fällt, bestehen Sie darauf, dass der Hund am Tisch liegen bleibt. So lernt er, dass Cafépausen für ein Schläfchen genutzt werden.

[b] ZEIT ZUM BEOBACHTEN Am besten, Sie suchen sich ruhige Vormittage in der Woche für die ersten Stadtgänge mit Welpe aus. Lassen Sie den Hund alles in Ruhe betrachten, damit er sich an die fremden Eindrücke gewöhnt.

[c] KEINE ANGST Üben Sie an verschiedenen Tagen immer wieder Bus-, Bahn- und Fahrstuhlfahren mit dem Welpen.

[d] LORBEEREN ERNTEN Wenn wir fleißig geübt haben und der Hund schon abgelegt werden und sich dabei sogar entspannen kann, haben wir in solchen Momenten die Hände frei fürs Einkaufen.

STADTGÄNGER
Auf vier Pfoten in die Stadt und in Cafés

Die Stadt ist ein aufregender Aufenthaltsort für einen jungen Hund: Hier trifft man auf unterschiedliche Menschen, Fahrräder klingeln und sausen vorbei, Kinder, Omas und Inline-Skater kreuzen unsere Wege, Autos hupen, Motorräder knattern.

STADTBUMMEL

All diese Reize prasseln auf unseren Stadtgänger auf vier Pfoten ein und er muss lernen, dass sie alle ungefährlich und sogar langweilig sind. Der beste Trainingsort ist die Einkaufszone, denn hier kommen wir mit allen menschlichen Erscheinungsformen in Kontakt. Ihren Einkaufszettel können Sie für diese ersten Ausflüge zuhause lassen: Mit Welpen kommt man in der Stadt nur schwer vorwärts. Das liegt zum einen daran, dass sich Ihnen viele Passanten mit verzückten Ausrufen in den Weg stellen werden. Und zum anderen, weil das Hundekind selber viel Zeit braucht, sich alles genau anzusehen und für ungefährlich zu befinden. Wählen Sie für Ihren ersten Übungsbesuch einen ruhigen Vormittag aus, denn die Menschenmassen am Samstag könnten den jungen Hund überfordern und ihm die Lust auf das Abenteuer Stadt verderben. Gehen Sie gelassen ein kurzes Stück durch die Innenstadt, lassen den Welpen Auslagen anschauen, an Blumen schnuppern und erlauben Sie vielen unterschiedlichen Menschen Kontakt zu dem Hundekind. Das ist besonders im Welpenalter wichtig, denn jetzt ist er noch fröhlich und aufgeschlossen Fremden gegenüber und wird auch ein ungeschicktes Tätscheln auf den Kopf großherzig verzeihen. So lernt ein Hund, dass sich andere Zweibeiner zwar manchmal etwas trottelig benehmen, dabei aber vollkommen harmlos und sogar nett sein können.

Ruhepausen

Streuen Sie zwischendurch kleine Verschnaufpausen ein und setzen sich auf eine Bank. Lassen Sie den Strom an Mitmenschen am Hund vorbeiziehen. So kann er in Ruhe alle Eindrücke aufnehmen. Gönnen Sie dem Hund oder Welpen und sich selbst dieses zeitintensive Training: Das Ziel ist ein Shoppingpartner auf vier Pfoten, der an entspannter Leine fröhlich durch die Einkaufszone trabt. Beenden Sie den Ausflug am besten, solange der Hund noch wach und munter ist, und treten Sie einen fröhlichen Heimweg an.

CAFÉ- UND RESTAURANT-TRAINING

Für die allerersten Trainingseinheiten empfiehlt sich nicht das edelste Lokal der Stadt, sondern ein nettes Café oder ein Biergarten. Der Hund sollte ausgetobt sein und schon wissen, was die Wörtchen „Platz" und „Bleib" bedeuten. Sie suchen sich also einen Tisch, unter dem der Hund gut liegen kann, und legen ihn mit den entsprechenden Worten dort ab. Jetzt bleiben Sie sitzen, lesen Zeitung oder reden entspannt, bis der Hund das erste Mal aufsteht und/oder zu fiepen beginnt. Darauf reagieren Sie mit eindeutigem Missfallen: Wiederholen Sie deutlich „Platz" und „Bleib" und wenden Sie sich sofort wieder Ihrer Lektüre zu. Treten Sie notfalls auf die Leine, um den kleinen Kerl in der Liegeposition zu halten. Warum diese Position so wichtig ist? Ganz einfach: Im Stehen kann Hund sich schlecht entspannen, sondern beäugt ständig fluchtbereit das Umfeld. Soll er dagegen liegen bleiben, kann er sich irgendwann mit Ihrem ruhigen Geplapper im Ohr entspannen und wird schnell merken, dass die Situation überhaupt keiner Aufregung wert, sondern höchstens sehr langweilig ist. Doch wir müssen auch fair bleiben: Gestalten Sie den ersten Besuch kurz und sorgen Sie dafür, dass er positiv abschließt – stehen Sie erst auf, wenn der Welpe sich entspannt hat und eine Zeitlang ruhig geblieben ist – oder den Moment sogar für ein Schläfchen genutzt hat. Belohnen Sie Ihren Welpen für so viel Geduld mit ganz viel Anerkennung und Freude.

AUF DER JAGD
Jogger, Inline-Skater, Radfahrer & Co

Besonders junge Hunde lieben Jagdspiele: Alles, was sich schnell auf sie zu- oder von ihnen wegbewegt, muss sofort verfolgt werden. Hier werden schlummernde Jagdinstinkte ihrer Vorfahren geweckt, die in unserer modernen Zivilisation aber leider gar keinen Sinn machen.

VERFOLGUNGSTRIEB

Den angeborenen Verfolgungstrieb unseres jungen Hundes müssen wir schleunigst in den Griff bekommen: Sobald Ihr Hund Anstalten macht, „fliehende" Mitmenschen, Rehe oder Hasen zu verfolgen, reagieren Sie kurz und eindeutig: Treten Sie auf die Laufleine und sagen streng „Nein". Prüfen Sie, ob Ihr Hund die Lektion verstanden hat. Geben Sie ihm viele Gelegenheiten, zur Verfolgungsjagd aufzubrechen, indem Sie diesen Situationen im Park oder Wald nicht ausweichen. Behalten Sie Ihren Möchtegernjäger dabei gut im Blick: Sobald er der Versuchung nachgeben möchte, treten Sie wieder auf die Laufleine, ziehen ihn deutlich ein kleines Stück in Ihre Richtung und wiederholen das „Nein". Bei hartnäckigen Hundehalunken könnte sich auch bewähren, sie in diesen Momenten zu „erschrecken", indem wir gleichzeitig mit leichten, geräuschvollen Gegenständen werfen, die wir gerade zur Hand haben. Das kann z. B. der Schlüsselbund sein, der neben dem belehrungsresistenten Bösewicht im Gras aufschlägt, verbunden wieder mit dem warnenden „Nein". Bei Wiederholungsgefahr reicht dann oftmals ein warnendes Klappern mit den Schlüsseln – und der Raufbold überlegt sich die Sache mit dem Jagen noch einmal anders. Sobald der Hund verstanden hat, dass Jagen generell verboten ist, lassen Sie ihn bitte weiterhin zugucken, wie Rehe und Radfahrer das Weite suchen – so kann er sich an den Reiz gewöhnen. Wiederholen Sie dabei ein deutliches „Nein", sobald er nur einen Ansatz zeigt, hinterherlaufen zu wollen. Sind die Fluchtobjekte außer Sichtweite, loben Sie den braven Hund und gehen ruhig weiter, als wäre sein Nichtjagen die normalste Sache der Welt.

Besonders junge Hunde, die noch kein Erfolgserlebnis beim Jagen hatten, sind sehr lernfähig und werden schnell Ihre negative Reaktion mit ihrem Lieblingsspiel in Verbindung bringen. Das Thema Jogger, Radfahrer & Co. wird sich dann sehr früh erledigt haben und sie können ein Hundeleben lang entspannt durch Park und Wald spazieren (Ersatzbeschäftigung sollte passionierten Jagdhunden aber geboten werden, siehe S. 119).

ANSPRINGEN

Hunde springen uns Menschen an, weil sie unsere Mundwinkel lecken möchten – ein Unterwürfigkeits- und Zuneigungszeichen junger Hunde gegenüber ihren Eltern. Das ist jedoch nur süß, solange Ihr Hund noch klein und niedlich ist. „Der tut nix! Der will nur spielen!", wird keinen Spaziergänger besänftigen, der von einem ausgewachsenen Bullmastiff nach Welpenart begrüßt wird. Vermeiden Sie derartige Missverständnisse, indem Sie mit dem Training besser frühzeitig beginnen:

- Jedes Mal, wenn Ihr Hund Sie anspringt, drehen Sie sich zur Seite oder drängeln ihn zurück, so dass er ins Wanken gerät und Sicherheit mit seinen Pfoten am Boden sucht. Sagen Sie jetzt bestimmt und deutlich „Runter". Bleibt er unten, hängen Sie Ihre Jacke in aller Ruhe an den Haken und wenden sich dann dem Hund zu. Jetzt hocken Sie sich zu ihm hin und freuen sich ruhig und liebevoll mit ihm über die Heimkehr. Dadurch zeigen Sie ihm: Diese Begrüßung mögen Sie, die andere nicht.
- Die größte Schwierigkeit bei dieser Lektion sind liebe Mitmenschen, die das Anspringen eines süßen, kleinen Hundekindes nicht so schlimm finden. Versuchen Sie, von vornherein das Hochspringen zu verhindern, z. B. indem Sie sich so auf die Leine stellen, dass er am Boden bleiben muss. Läuft er frei, gehen Sie auch hier bestimmt vor, warnen ihn mit „Lass es" vor und können diese Ansage mit Schlüsselbund-Geklimper noch unterstreichen. Erlauben Sie den Menschen, Ihren Hund zu begrüßen. Und zwar dann, wenn er mit allen vier Pfoten auf dem Boden bleibt.

DAS IST *wirklich* WICHTIG

[a] **GUCKEN ERWÜNSCHT** Lassen Sie den Hund die verbotenen, fliehenden Objekte genau ansehen – so verlieren sie an Reiz. Üben Sie fleißig das Absetzen auf Entfernung (siehe S. 114), damit der Hund auch auf Distanz kontrolliert werden kann und keinem Fahrradfahrer oder Jogger in den Weg läuft.

[b] **BEGRÜSSUNG** Wiedersehensfreude bei einer unerwarteten Begegnung ist ein Gefühl, das Hunde gut kennen. Deshalb wollen sie auch uns deutlich zeigen, wie sehr sie uns vermisst haben. Ein Begrüßungsverbot wäre gemein, viel besser: die Heimkehr wird ruhig und freundlich gewürdigt. Bei der Begrüßung anderer Menschen, sollten die Hunde lernen, ruhig zu warten, bis sie an der Reihe sind.

TRANSPORTMITTEL
Unterwegs mit Auto, Bus & Bahn

Mit seinem wichtigsten Transportmittel ist Ihr Welpe sicher schon in Kontakt gekommen: Ihrem Auto. Diese Erfahrung war sehr aufregend und ungewöhnlich – wir sollten deshalb schnellstmöglich eine zweite, sehr positive folgen lassen.

UNTERWEGS MIT DEM AUTO

Sobald sich der Welpe bei uns sicher fühlt (meist nach rund zwei Tagen), fahren wir täglich eine kleine Runde – für ungefähr fünf Minuten, Tendenz steigend – mit dem Auto und beenden die Übung mit einem Spiel oder einem vollen Fressnapf im Auto. Wenn die Fahrten am Anfang kurz sind und fröhlich enden, wird der Welpe schnell Gefallen an dieser Form der Fortbewegung finden – und schon haben Sie einen unkomplizierten Mitfahrer auf der Rückbank sitzen.

Hunderegeln im Auto
1. Für die ersten Autofahrten brauchen Sie einen Chauffeur: Damit Sie den Welpen im Fußraum halten und beruhigen können.
2. Hat sich der Hund an das Autofahren gewöhnt, kann er auf die Rückbank oder in das Heck umziehen. Ganz wichtig: Für die eigene und die Hundesicherheit ist darauf zu achten, dass der tierische Mitfahrer im Auto immer gut gesichert wird. Für die Rückbank gibt es Anschnallgurte, das Heck kann man durch ein Gitter sichern.
3. Heben Sie den Welpen wegen der Gelenke am Anfang noch aus dem Auto heraus. Sobald er selbst herausspringen kann, müssen Sie ihm beibringen, dass er erst auf Ihren Ruf aus dem Auto aussteigen darf. Sorgen Sie dafür, dass sich alle Bezugspersonen an diese Regel halten. Das „Nicht-aus-dem-Auto-Springen-Gesetz" ist besonders wichtig: Es schützt sein Leben und das aller anderen Verkehrsteilnehmer. Irgendwann in seinem Hundeleben wird jemand die Autotür offen stehen lassen. Wenn Sie jetzt einen Hund haben, der geduldig auf sein Zeichen wartet und nicht auf die Straße springt, hat sich alles geduldige Üben tausendfach ausgezahlt.

Warten immer wieder üben
Testen Sie den Hund immer wieder, ob das Warten im Auto auch in Extremsituationen sitzt. Lassen Sie in ungefährlichen Momenten die Tür oder Heckklappe provozierend lange offen stehen. Vielleicht warten Sie ab, ob ein paar Menschen oder andere Hunde am Auto vorbeilaufen? Sobald er unaufgefordert aus dem Auto springt, schicken Sie ihn energisch zurück. Lassen Sie erneut eine gewisse Zeit verstreichen und „erlösen" Sie ihn dann mit viel Begeisterung.

Bellen im Auto
Versuchen Sie von Anfang an zu verhindern, dass er andere Menschen, Hunde oder Radfahrer aus dem Auto anbellt. Hunde tun das, weil sie das Auto als ihr „mobiles Revier" ansehen. Gleichzeitig wollen sie Artgenossen damit auf sich aufmerksam machen. Es gibt Hunde, die bellen permanent, ganze Autofahrten lang, denn irgendwann hat die Raserei im Auto für den Hund einen selbstbelohnenden Effekt. Reagieren Sie also schon bei Ihrem Welpen mit einem deutlichen „Nein".

BUS UND BAHN

Hunde tragen unterschiedlich dicke Nervenkostüme, genau wie wir Menschen. Dementsprechend gibt es Kandidaten, mit denen man vom ersten Tag an problemlos Bus- und Bahnfahren kann. Andere reagieren da empfindlicher und wollen langsam an alle Geräusche gewöhnt werden. Doch egal, welches Gemüt Ihr eigener Hund pflegt: Das Wichtigste für ein erfolgreiches Bahntraining ist ein gutes Vorbild. Und das sind Sie. Welpen orientieren sich in neuen Situationen immer an unserem Verhalten. Deshalb sollten wir auf seine Unsicherheit mit beruhigenden Worten reagieren – und ansonsten ignorieren. Auch wenn es hart klingt, aber steigen Sie einfach in die Bahn, setzen sich hin, lesen dort Zeitung, unterhalten Sie sich mit Ihren Mitreisenden, kurz: geben Sie Ihrem Welpen das Gefühl, ein Zug oder Bahnhof ist der normalste Ort der Welt. Halten Sie für Sensibelchen die ersten Eindrücke kurz und steigern Sie die Fahrt- und Verweilzeiten langsam. Sie können sicher sein: Bei regelmäßigen Besuchen wird der Hund öffentliche Verkehrsmittel bald genauso langweilig finden, wie der Begriff klingt, und die Zeit im Zug für ein Nickerchen nutzen.
Besonders nervösen Exemplaren kann man Bahnhöfe schmackhaft machen, indem man ihnen hier etwas Leckeres gibt: Nämlich immer, sobald man im Bahnhof/im Zug/im Bus angekommen und ein bisschen Entspannung eingekehrt ist.

TOLLPATSCH AUF VIER PFOTEN

ALLEIN ZUHAUSE
Warten will gelernt sein

Manchmal müssen Hunde ohne uns auskommen – ob allein zuhause oder beim Warten vorm Bäcker. Das finden alle Hunde doof, aber alle können es lernen.

ÜBEN IM HAUS

Ein Hund kann ungefähr mit zehn Wochen lernen, für kurze Zeit alleine im Zimmer zu bleiben. Dazu legen wir ihn ab, sagen „Bleib" und schließen ganz kurz die Tür hinter uns. Bevor der kleine Kerl zu jaulen beginnt, treten wir auch schon wieder ins Zimmer (Tür schließen, Tür sofort wieder öffnen). Diese Trainingseinheit können wir mehrmals täglich in unseren Tagesablauf integrieren und dabei die Dauer des „Alleine-im-Zimmer-Lassens" langsam verlängern. Irgendwann kann der kleine Hund dann eine Viertelstunde alleine bleiben, ohne dass ihn das großartig beunruhigen würde. Sobald er kratzt oder jault, klopfen wir gegen die Tür, sagen mit deutlich missbilligendem Unterton „Nein" und warten kurz. Ganz wichtig: Am Anfang reichen nur die darauf folgenden fünf Schreck-Sekunden des Welpen, in denen er ruhig geblieben ist. Dann öffnen wir sofort die Tür, loben den tapferen Kerl mit ruhigen Worten für sein gutes Benehmen und beenden die Übung.
Üben Sie das Alleinebleiben am besten dann, wenn Ihr Liebling sich im Park oder beim Spiel ausgetobt hat und müde ist.

ÜBEN VORM HAUS

Klappt diese Übung, verlagern wir sie an einen anderen Ort: die Haustür. Wir sagen wie gewohnt „Bleib" und schließen die Tür hinter uns. Warten Sie einen Moment ab und lauschen Sie nach innen. Sobald der Hund versucht, durch Winseln Ihre Aufmerksamkeit zu erregen, reagieren Sie nicht etwa mitfühlend, sondern mit einem strengen „Nein". Sobald er auch nur kurze Zeit still geblieben ist, gehen Sie zurück und freuen sich ruhig über diesen braven Hund.

ÜBEN WEG VOM HAUS

Nach und nach verlängern wir unsere Abwesenheit, gehen ein kurzes Stück spazieren und kommen wieder zurück. Steigern Sie die Dauer Ihrer Ausflüge langsam, kehren Sie sofort um, wenn Sie den Hund bellen hören und korrigieren ihn mit einem „Ruhig" oder „Nein". Beenden Sie die Übung immer so, dass der Hund kurz still ist und loben Sie ihn mit ruhigen Worten, als wäre sein Warten die normalste Sache der Welt.

ÜBEN VORM GESCHÄFT

Ein Hund, der nicht zu früh alleine gelassen wurde und später das richtige Bleib-Training erfahren hat, wird kein Problem damit haben, dass wir aus seinem Sichtfeld verschwinden. Er hat gelernt, dass wir immer wiederkommen. Dabei hat er zuallererst gelernt, dass auf sein Bellen und Jaulen nicht mit Mitleid, sondern mit Ablehnung reagiert wurde. Auf ruhiges Warten hingegen mit viel Anerkennung und Freude. Üben Sie das Warten vor Geschäften parallel zum „Alleinebleiben-Training".

- Suchen Sie sich ein kleines Geschäft in einer ruhigen Seitenstraße für Ihr Training. So wird der Junghund durch die Reize der Umwelt nicht ganz so stark verunsichert.
- Jetzt leinen wir den Hund an, legen ihn ab („Platz" und „Bleib"), entfernen uns ein Stück von ihm und bewundern die Schaufensterdekoration. Sobald der Hund aufspringt oder jault, bringen wir ihn in die Ausgangsposition zurück. Bleibt er auch nur zehn Sekunden ruhig liegen, gehen Sie zurück, loben ihn freudig für seine Glanzleistung und gehen weiter.
- Wiederholen Sie diese Übung gleich am nächsten Tag. Sobald der Hund sich an diesen Schritt gewöhnt hat, können Sie die Anforderung täglich steigern: Verschwinden Sie immer länger im Geschäft, und kommen Sie dann in aller Ruhe zum wartenden Hund zurück. Loben Sie den Hund anerkennend und beenden Sie die Trainingseinheit für heute.

DAS IST *wirklich* WICHTIG

„HIER" Bei vielen neuen Trainingseinheiten wird uns dieses Wort hilfreich zur Seite stehen. Es wirkt zusammen mit dem ausgestreckten Zeigefinger wahre Wunder, denn es zeigt dem Hund genau, wo er seine Aufmerksamkeit hin lenken soll. Hunde, die schon früh gelernt haben, dass es sich lohnt auf seine Menschen zu achten und zuzuhören, was wir ihnen zu sagen haben, werden interessiert jedem „Hier"-Fingerzeig folgen: Vielleicht liegt „Hier" etwas Fressbares auf dem Boden? Oder soll der Hund genau „Hier" neben uns absitzen? Manchmal sagt „Hier" unserem Hund auch, in welche Richtung der Spaziergang weitergehen soll. Wir sollten dieses kostbare kleine Wörtchen also – wie beschrieben – in möglichst vielen Situationen in Verbindung mit dem ausgestreckten Zeigefinger nutzen. So lernt der Hund: „Hier" hat immer etwas Interessantes zu bedeuten – dem Fingerzeig folgen lohnt sich.

TOLLPATSCH AUF VIER PFOTEN

SELBSTBEWUSSTSEIN
Starke Nerven für alle

Ein gut sozialisierter Hund begegnet auch im fortgeschrittenen Alter neuen Situationen immer ruhig und neugierig. Diese Offenheit lässt sich früh fördern, indem wir ihn als Welpen immer wieder an sehr ungewöhnlichen Aktionen teilnehmen lassen.

SONDERBARE WELT

Zugegeben: Es sieht für Ihre Nachbarn vielleicht etwas merkwürdig aus, wenn Sie den kleinen Kerl in der Schubkarre durch den Garten schieben. Oder auf die Bank setzen und ihm dabei gut zureden. Aber der Erfolg kann sich sehen lassen: Der Hund lernt, dass die menschliche Welt ziemlich sonderbar ist. Aber gleichzeitig merkt er sich, dass ihm bei seltsamen Unternehmungen mit seinen Menschen nichts passiert, weil Sie immer den Überblick und die Ruhe behalten. Die Folge: Wo immer Sie später mit Hund erscheinen – nichts kann ihn mehr erschüttern.

Tricks für starke Welpennerven
Voraussetzung für diese Übungen: Der Welpe muss Ihnen vertrauen und sicher sitzen bleiben, wenn Sie es ihm sagen. Das klappt schon gut? Dann können Sie anfangen: Bei der Gartenarbeit heben Sie den Junghund in die Schubkarre. Dabei soll er (anfangs nur kurz) sitzen bleiben. Klappt das schon gut, können Sie ihn in dieser sitzenden Position ein Stück schieben. Der Grund: Auf vier Beinen ist es sehr viel schwieriger, das Gleichgewicht zu halten. Das Sitz ist also angebracht, damit erstens keine Panik aufkommt und zweitens der Welpe nebenbei lernt, dass Sitz immer gilt – auch unter extremen Bedingungen. Verlängern Sie die Schiebedistanzen ständig – irgendwann können Sie Kurven fahren, ihn eine Zeitlang stehen lassen etc. – lassen Sie Ihrer Fantasie freien Lauf. Ihr Hund wird die Aktion natürlich merkwürdig finden. Aber das Leben mit Menschen wimmelt voller merkwürdiger Gegebenheiten, und genau daran soll er sich gewöhnen.

IDEEN FÜR MEHR GELASSENHEIT

Ideen gibt es viele, z. B. einen Stofftunnel durchlaufen, über eine Wippe gehen (ein halber Baumstamm, darüber eine ca. drei Meter lange Bohle gelegt), auf Baumstümpfe (findet man überall in der Natur) setzen, über Baumstämme (am Wegrand) laufen lassen, unter Bänken durchkriechen lassen, auf niedrige Hocker, Stühle setzen, später hochsteigen lassen. Ganz nebenbei lernt der Welpe bei diesen Übungen, dass „Sitz und Bleib" immer gilt, eben auch unter sonderbaren Bedingungen. Und der erwachsene Hund zeigt es dann zuverlässig in aufregenden Situationen, z. B. wenn Ihre Einkaufstasche umgekippt ist und Sie Ihren Äpfeln hinterherlaufen, Ihr Kind sich das Knie aufgeschlagen hat und Trost braucht, Sie in Ruhe eine alte Bekannte begrüßen möchten...
Wichtig bei allen Übungen: Die Gelenke von Welpen dürfen noch keinen großen Belastungen ausgesetzt werden. Deshalb: Nicht hoch- und runterspringen lassen, sondern im ersten Jahr (bei großen Hunden bis zwei Jahre) immer heben.

FLEGELZEIT
Wenn Hunde erwachsen werden

ÜBER NACHT WERDEN AUS SÜSSEN WELPEN PLÖTZLICH SCHLACKSIGE HALBSTARKE, DIE SICH AN KEINE REGELN ERINNERN, SICH ABWECHSELND ÄNGSTLICH ODER GRÖSSENWAHNSINNIG VERHALTEN UND NICHTS SCHÖNER ALS ANDERE HUNDE FINDEN. ABER DIE PUBERTÄT IST NICHT NUR SCHWIERIG, SONDERN STECKT AUCH VOLLER GELEGENHEITEN, IN DENEN WIR ZUM GROSSARTIGEN TEAM ZUSAMMENWACHSEN KÖNNEN. ALSO, AUF INS ABENTEUER ERWACHSENWERDEN.

ERWACHSENWERDEN
Was passiert im Körper?

Bislang verlief die Erziehung kinderleicht, doch plötzlich scheint nichts mehr zu klappen? Geben Sie nicht auf: Diese Krise steckt voller Chancen, den Hund bei der Entwicklung zu einer starken Persönlichkeit und festen Bindung an uns zu unterstützen.

VOM JUNGHUND ZUM HALBSTARKEN

Der Beginn der Übergangsphase lässt sich nur schwer bestimmen: Es gibt frühreife Exemplare unter den Hunden genauso wie den klassischen „Spätzünder". Auch die Schwere des Verlaufs ist höchst unterschiedlich: Manche Halbstarke treiben ihre Besitzer an den Rand des Wahnsinns, für andere ist es schon enorm „frech", wenn sie einmal auf eigene Faust den Nachbarshund besuchen gehen. Schuld an plötzlicher Unsicherheit, Streitereien auf der Hundewiese oder auftretender Taubheit haben Hormone: Unsere Kleinen werden langsam geschlechtsreif. Hündinnen werden je nach Größe zwischen fünf und 12 Monaten läufig (je größer, desto später), Rüden dieser Rassen fangen meist zur selben Zeit an, ihr Bein zu heben.

LEBENSPHASE PUBERTÄT

Ganz am Anfang ist es ein Gen, das der Hirnanhangdrüse das Startsignal erteilt, ein Hormon zu produzieren. Dieses „Gonadotropin releasing Hormon" (GnRH) aktiviert wiederum die Produktion der Geschlechtshormone Testosteron und Östrogen in den Geschlechtsorganen. Sie kreisen in der Blutbahn und sorgen für viele körperliche und psychische Veränderungen: Die Schilddrüse startet unter anderem das Wachstumshormon, oder verändert die Muskelsteuerungssysteme, die dann z. B. für den klassischen schlacksigen Gang des Halbstarken sorgen. Im Gehirn befindet sich die größte Baustelle: Hier findet ein explosionsartiges Nervenwachstum statt. Gleichzeitig wird durch eine Reduktion der Synapsen und Vergrößerung der Zellen die Leistungsfähigkeit der „Datenautobahn" erhöht. Dadurch wird eine schnellere und effektivere Verarbeitung von Informationen möglich.

Umbauprozesse im Gehirn

Es findet ein grundsätzlicher Umbau im Gehirn statt: Bislang hatte das Limbische System, ein Kontrollzentrum der Emotionen, die Oberhand. Langsam übergibt dieser Bereich das Zepter an den präfrontalen Kortex weiter: Hier liegt das Zentrum der sozialen Intelligenz, das Problemlöseverhalten und rationale Entscheidungen möglich macht. Doch warum kommt es zu der klassischen Berg- und Talfahrt der Gefühle, zu merkwürdigen Aktionen, die unsere Hunde in wahnwitzige Situationen manövrieren, und plötzlichen Ängsten? Die Geschlechtsorgane produzieren nicht nur Testosteron und Östrogen, sondern aktivieren auch die Dopamin-, Serotonin- und Cortisolherstellung im Gehirn und in der Nebennierenrinde. Dieser Hormoncocktail kreist von nun an im Blut, doch die Zusammenstellung ist noch ziemlich unausgewogen. Das empfindliche Gleichgewicht dieser Zutaten muss erst noch hergestellt werden – und das geschieht durch Wachstum und Umwelterfahrungen. Diese Zeit ist also richtungsweisend im Leben des jungen Hundes. Was wir ihn nun an Erfahrungen machen lassen, was er jetzt lernt und welche Orientierung wir ihm bieten, führt zu starken Vernetzungen in der Datenautobahn des Gehirns und der Hormonzusammensetzungen im Blut. Deshalb ist diese Zeit der sozialen Reife so chancenreich, aber gleichzeitig auch krisenanfällig, wenn wir den Hund jetzt aufgeben. Unerwünschte Verhaltensweisen wie Jagen oder (Angst-)Aggression können sich genauso schnell verfestigen wie guter Gehorsam und Liebenswürdigkeit. Für uns Hundehalter ist diese Zeit also eine Herausforderung: Halten Sie durch, bleiben Sie Ihren Prinzipien und diesem zur Zeit etwas gefühlsverwirrten Hund treu. Ihr Lohn wird ein großartiger Gefährte an Ihrer Seite sein, für den Rest seines Hundelebens.

DAS IST *wirklich* WICHTIG

GESETZESLAGE Eine Kastration wird von Experten aus ethischen und verhaltensbiologischen Gründen heute kritisch betrachtet. In Deutschland verbietet der § 6 des Tierschutzgesetzes das vollständige oder teilweise Amputieren von Körperteilen ohne medizinische Indikation. So ist eine Kastration aus Bequemlichkeit oder dem Stress bei Spaziergängen während der Läufigkeit der Hündin verboten.

EINFLUSS Die Hormonproduktion während der Pubertät hat großen Einfluss auf die Entwicklung des Hundes. Greift der Mensch in diese sensible Zeit der Neuorientierung durch eine Entfernung der Geschlechtsorgane und damit der Sexualhormone ein, dann führt das zwangsläufig zu einer anderen Entwicklung des Gehirns.

MEIN TIPP Lassen Sie Ihren Hund erwachsen werden und überlegen Sie dann, ob eine Kastration nötig ist. Die absolute Mehrheit der Rüden und Hündinnen sind bei einer guten Bindung und Erziehung fantastische und zuverlässige Gefährten, trotz oder gerade wegen der Geschlechtsorgane.

KASTRATION
Ja, nein oder wann?

Spätestens in der Pubertät stellen sich viele Hundehalter die Frage, ob der Hund kastriert werden soll. Immer noch rät die Mehrheit der Tierärzte pauschal zur Kastration, meist noch bevor die Hunde erwachsen sind. Doch was soll das bewirken?

BEEINFLUSST DIE KASTRATION ...

...die Hypersexualität bei Rüden?
Ja. Manche Rüden leiden unter einer Dauererektion, jaulen Nächte durch und verweigern die Nahrungsaufnahme. Lebt der Rüde in einer Gegend mit vielen Hündinnen, kann dieser Dauerliebeskummer sehr stressen und dadurch krank machen. Bei diesen Kandidaten kann eine Kastration helfen. Die Mehrheit der Hundeherren kommt aber mit ein bisschen Sehnsucht und Abstinenz sehr gut zurecht.

...das Markieren?
Nein. Markierverhalten wird bereits beim Embryo durch einen Testosteronschub angelegt. Deshalb zeigen sogar frühkastrierte Rüden dieses Verhalten ab ungefähr dem siebten Lebensmonat.

...das Jagdverhalten?
Nein. Jagdverhalten wird durch Erfolgserlebnisse beflügelt, wirkt irgendwann selbstbelohnend und kann sogar nach einer Kastration als Ersatzbefriedigung vermehrt gezeigt werden.

...das Dominanzverhalten?
Nein. Dominanz ist keine Eigenschaft, sondern ein Beziehungssymptom. Ein dominanter Hund erreicht seine Führungsrolle im Rudel nicht durch aggressives, sondern durch souveränes, ruhiges und orientierungsstarkes Auftreten. Diese Hunde sorgen sehr selten für Ärger auf Hundewiesen. Wer seinen Hund im Zusammenleben als dominant empfindet, sollte nicht kastrieren, sondern an der Beziehung arbeiten.

...die Futteraggression?
Nein. Aggressiv am Futter ist ein Hund, der nicht gelernt hat, dass Menschen das Recht haben, sich in der Nähe des Napfes aufzuhalten. Unter Stress reagieren sie aggressiv – sie wollen ihr Futter verteidigen, was ein normales Verhalten eines nicht gut sozialisierten Hundes ist.

...die Statusaggression?
Ein bisschen. Ein Rüde ohne Testosteron hat nicht mehr so viel Interesse, sich auf der Wiese ständig behaupten zu müssen. Aber viel wichtiger ist in diesem Zusammenhang das Hormon Serotonin: Es wird im Erfolgserlebnis ausgeschüttet, z.B. wenn er ein anderes Tier erfolgreich unterwerfen konnte. Verständlich, dass auch ein kastrierter Rüde diesen Kick bald wieder haben möchte – und trotz Kastration sein Verhalten weiter zeigen wird.

...das Streunen?
Ein bisschen. Aber der klassische Streuner ist schon von Geburt an so gepolt, da der entsprechende Testosteronschub während der Embryonalphase stattfindet. Hier kann eine Kastration nicht zaubern, aber eventuell ein bisschen Besserung bringen.

...Ängstlichkeit oder Unsicherheit?
Nein. Im Gegenteil: Eine Kastration kann Unsicherheit sogar noch verschärfen. Der Grund: Durch die Entnahme der Geschlechtsorgane fällt beim Rüden der Hauptproduktionsort für Testosteron weg. Das männliche Hormon ist aber der Gegenspieler vom Stresshormon Cortisol, sorgt also für Selbstbewusstsein. Fällt Testosteron weg, dann schrauben sich Angstzustände häufig wie in einer Spirale nach oben, besonders wenn z.B. Angstbeißen in einer Situation zu Erfolg geführt und der andere Hund das Weite gesucht hat. Dann wird dieses Verhalten schnell als erfolgreiche Strategie abgespeichert. Der Hund entwickelt sich zum Angstbeißer – besonders, wenn der Mensch diesen Kreislauf nicht durch entsprechendes Eingreifen in die Situation verhindern kann. Bei einer Hündin muss man unterscheiden: Hat sie nur innerhalb des Zyklusgeschehens Stress, dann könnte eine Kastration ihr helfen. Ist sie jedoch ein ganzjährig und unabhängig vom Zyklusstand unsicherer Hund, dann gilt dasselbe wie beim Rüden, denn auch in ihrem Geschlechtsorgan wird Testosteron produziert.

SPIELEN
Eine soziale Strategie

Bei hormonübergesteuerten Junghunden und -wölfen kann Spielen eine ganz neue Funktion bekommen: Es dient jetzt nicht mehr nur der Freude oder einem guten Gemeinschaftsgefühl, sondern wird auch gezielt als „soziale Strategie" genutzt.

SPIEL IST NICHT NUR SPASS

Halbstarke spielen häufig nicht nur zum Spaß, sondern um Streitereien zu vermeiden oder die eigene Position auszutesten.

Aggressionshemmung

Fühlt sich ein junger Hund bedroht, versucht er nicht nur, seinen Angreifer mit Demutsgesten (auf den Rücken legen, Schwanz einklemmen, Pfote heben, Maul lecken) zu beschwichtigen. Sein neuestes Mittel, um Konflikte zu entschärfen (und damit oft auch seiner Unterwerfung zu entgehen): Er zeigt alle Formen der Spielaufforderung (Vorderkörpertiefstellung, schnell wegrennen, plötzlich wieder umdrehen, vor dem Kontrahenten hin- und herspringen), meist mit Erfolg. Der „Angreifer" lässt sich „überreden" – und spielt mit, statt zu streiten. So konnte der unterlegene Jungspund sein Gesicht wahren und der Angreifer hat vergessen, worum es ihm eigentlich ging.

Rangordnung

Aus Spiel wird ganz plötzlich Ernst – aber genauso schnell wieder Spaß. Das Spiel dient jetzt also als „Tarnung", für höhere Zwecke: Wer ist besonders mutig, wer gibt schnell auf und fügt sich in seine unterlegene Rolle? Ganz nebenbei bekommt so nach und nach jeder seinen Platz in der Gruppe zugeteilt.

Jagdverhalten

Auflauern, Anschleichen, Achtung Überfall! – all diese Elemente des Jagdverhaltens werden gezeigt, wenn Hunde sich spielerisch jagen. Jetzt wird im Zuge des Jagdverhaltens aber immer mal wieder zur Hatz auf einen „Schwachen" geblasen. Wichtiges Kennzeichen dieses „Mobbings": Der Gejagte zeigt deutliche Zeichen der Unsicherheit (eingeklemmter Schwanz, runder Rücken), die Jäger steigern sich kläffend in ihr „Spiel" hinein. Ein Verfolger tut sich dabei meist als der „Beuteerleger" hervor und setzt alles daran, sein „Opfer" auf dem Rücken liegend zu sehen. Hier sollten Sie eingreifen, um zu viele „positive" (andere zu unterwerfen fühlt sich gut an – der Hund will diesen „Kick" immer öfter erleben) und „negative" (durch andere immer nur gejagt und verprügelt werden macht keinen Spaß – der Hund wehrt sich bald durch Angstbeißen) Erfahrungen in dieser Lebensphase zu verhindern. Diese Erlebnisse können jetzt nämlich sehr schnell dazu führen, dass Verhaltensmuster für alle Zeiten tief im Gehirn eingeprägt werden (siehe S. 104). Ergebnis dieses Lernprozesses sind dann die klassischen Krawallbürsten oder Angstbeißer. Das zu verhindern ist aber sehr leicht: Es reicht schon eine kurze Unterbrechung durch „Sprengung" der Situation, wie es auch erwachsene Hunde tun würden. Dazu marschieren sie selbstbewusst in die aufgeregte Gruppe, scheuchen alle auseinander und behalten dabei besonders den „Rädelsführer" im Visier. So werden die Karten neu gemischt.

HALTER VON HALBSTARKEN

Auch wir sollten die neue Strategie unserer heranwachsenden Hunde im Hinterkopf haben: Manche Jungspunde neigen dazu, besonders mit kleinen Menschen Rangordnungstests durchführen zu wollen, speziell wenn Kind und Junghund zusammen spielen. Bleiben Sie dabei und greifen Sie ein, z. B. wenn das Spiel aus den Fugen gerät. Sobald Sie merken, dass es beim gemeinsamen Spiel plötzlich um mehr geht (der Hund steigert sich in das Spiel hinein, wirkt überdreht und unkontrolliert), reagieren Sie sofort mit Spielabbruch. Das heißt: Sie sagen „Aus", bis der Hund das Spielzeug freigibt, loben den wilden Kerl ruhig dafür – und beschäftigen sich mit anderen Dingen. Ganz wichtig: Laufen Sie niemals Ihrem Hunderocker hinterher, wenn er nicht kommen will. Sie wissen ja: Hunde haben vier, wir nur zwei Beine. Versuchen Sie unbedingt zu vermeiden, dass er das bemerkt. Viel besser: Er akzeptiert, dass Kommen trotz Hormonschub gilt. Und das geht nur, indem wir ihn konsequent abrufen (siehe S. 112).

DAS IST *wirklich* WICHTIG

[a] STRATEGIE Im Spiel werden Strategien entwickelt, wie Hund sich am besten streitet oder sich gekonnt aus der Affäre zieht.

[b] SPASSFAKTOR Dieser ist beim Spiel groß, macht glücklich und wirkt stressreduzierend.

[c] EINGREIFEN muss man selten. Achten Sie auf die Körperhaltung – hier haben beide Spaß.

DAS IST *wirklich* WICHTIG

UNSICHERHEIT In dieser Phase zeigen Hunde oft Ängste in Situationen, die sie eigentlich schon kennen. So können kreischende Kinder oder düstere Mülleimer plötzlich für einen Schreck sorgen. Der Grund: Durch den Entwicklungsschub sehen sie die Welt nicht mehr fraglos wie ein Baby, sondern nehmen sie „aus anderen Augen" wahr. Reagieren Sie auf Ängste, indem Sie einfach weitergehen oder sich neben die unheimlichen Dinge setzen.

LERNPENSUM An manchen Tagen sinkt die Lernfähigkeit auf ein Minimum, dann trainieren wir nur kurz die bereits bekannten Lektionen. Zeigt der Hund am nächsten Tag große Unruhe und Überdrehtheit, können wir ihn durch neue Aufgaben wie das Apportiertraining fördern (siehe S. 119).

HALBSTARKE
Drei wichtige Regeln

Ab jetzt ist fast alles auf dieser Welt interessanter als Sie. Das sollten Sie nicht persönlich, sondern mit Humor nehmen. Und legen Sie sich nebenbei ein paar gute Strategien zurecht, wie Sie am besten mit dem Hundehalunken umgehen.

1. KONSEQUENT BLEIBEN

Aufmüpfige Jungspunde sind sehr mit sich selbst beschäftigt. Deshalb brauchen Sie einen festen Rahmen, der sie immer wieder daran erinnert, wo es langgeht. Das ist kein Freiheitsentzug, sondern dient dazu, dem Hund Sicherheit zu geben in diesen aufregenden Zeiten. Wenn sie vorüber sind, wird sich Ihre Standhaftigkeit auszahlen: Denn was der Junghund trotz Hormonschub verinnerlicht hat, wird er als erwachsener Hund nicht mehr hinterfragen. Und er hat gelernt, dass er sich auch in Krisenzeiten auf Sie verlassen kann.

2. ALLES IMMER WIEDER WIEDERHOLEN

Das Wichtigste in dieser wilden Zeit: Konzentrieren Sie sich darauf, alles bereits Gelernte konsequent immer wieder zu wiederholen. Das gilt besonders für Phasen, in denen der Jungspund starke Konzentrationsschwierigkeiten hat. Verzichten Sie dann besser auf neue Trainingsideen und bleiben Sie bei vertrauten Dingen. Damit zeigen wir dem jungen Kerl, dass er trotz großer körperlicher Veränderungen noch etwas leisten kann und wir ihn immer noch lieben. Das wird ihm Selbstsicherheit geben, und gleichzeitig regen wir ihn dazu an, weiterhin sein Gehirn zu benutzen.

3. VIEL NEUEN LERNSTOFF BIETEN

Die Phasen der Überforderung und Unsicherheit wechseln sich häufig ab mit Phasen der Unterforderung. Jetzt sollten wir umschwenken und das freigewordene Potential in den Gehirnwindungen für neuen Input nutzen. Das Motto muss lauten: bloß keine Langeweile aufkommen lassen. Denn aus Langeweile entstehen bei Pubertierenden meist keine guten Ideen. Dabei kommt uns zugute, dass unser Hund bisher nur das Grund-ABC des guten Umgangs gelernt hat – darauf können wir jetzt mit vielen anderen Übungen aufbauen, die unser Zusammenleben verschönern können (ab S. 112).

GELERNTES VERFESTIGEN

Zeigt Ihr pubertierender Hund plötzlich starke Konzentrationsschwierigkeiten bei der Fuß-Übung, dann sollten Sie die Zeiten besser kurz halten. Wichtig ist immer der positive Abschluss. Zerrt der Hund in eine Richtung weg oder rennt Ihnen vor die Füße, dann machen Sie es ihm gleich: Drängen Sie ihn in seine Richtung ab, bis er wieder neben Ihnen geht und lassen Sie ihn dann eine ganz kleine Distanz bei Fuß laufen. Machen Sie das „Fuß" durch einen kleinen Hindernisparcour und wechselnde Tempi interessanter, gehen Sie z. B. Slalom um Bäume oder laufen Sie ein kurzes Stück und wechseln plötzlich die Richtung. Beenden Sie die Übung durch das Absitzen und hin und wieder ein Leckerchen. Anschließend können Sie die Leine wieder verlängern und ihn „freigeben" („Lauf").

WARUM SIND HUNDE TREU?

Hunde können sehr anhänglich sein – wenn wir ihnen das Gefühl von Anerkennung (durch Zuneigung, Spiel und Training) und Sicherheit (durch unsere Anwesenheit und konsequente Hausregeln) schenken. Klappt das nicht, folgen sie meist ihren eigenen Interessen. Das genetische Potential zu großer Treue aber haben sie alle, es leitet sich von der „Gefolgschaftstreue" der Wölfe ab, die besonders von Eberhard Trumler beschrieben wurde. Unter Wölfen lösen sich die Jungtiere von den Eltern oftmals erst einmal ab, um dann im ersten harten Winter reuevoll zurückzukehren und unter der bewährten Führung der Leittiere die karge Zeit gemeinsam erfolgreich zu überstehen. Erst danach gehen sie wieder ihre eigenen Wege. Hunde wandern nicht ab. Aber sie testen uns in dieser Phase und bringen uns an unsere Grenzen. Kleines Trostpflaster: Wenn wir uns in der wilden Zeit der Pubertät als zuverlässige Führungspersönlichkeit behaupten, bleiben sie danach ein Leben lang aus voller Überzeugung in unserer Nähe.

FLEGELZEIT

SCHLEPPLEINE
Training für Halbstarke

Wenn der Flegel nicht kommen will, dann resignieren wir nicht, sondern arbeiten wie in Welpenzeiten wieder mit Geschirr und einer langen Schleppleine.

HERKOMMEN TROTZ HORMONEN IM BLUT

Weil Kommen in diesen wilden Zeiten genauso schwierig wie überlebenswichtig ist, sollten Sie die Übung oft wiederholen. Provozieren Sie am besten absichtlich Situationen, in denen es Ihrem halbstarken Hund schwerfallen könnte zu kommen. Für ein sicheres Schleppleinentraining empfiehlt sich eine Leine, die verletzungsfrei in der Hand liegen und jetzt recht stabil sein sollte – bewährt haben sich z. B. Biothane-Leinen. Lassen Sie Ihren Regelbrecher eine Zeitlang spielen und rufen Sie ihn. Jetzt gibt es verschiedene Möglichkeiten, was passieren wird und was Sie dann tun sollten.

Er kommt!
Freuen Sie sich, streicheln Sie ihn kurz und schicken ihn sofort zurück ins Spiel. Lassen Sie ihn in Ruhe zu Ende spielen.

Er guckt nur kurz,
lässt sich aber von seinen Spielkameraden ablenken und tut dann so, als hätte er vergessen, dass Sie ihn gerade gerufen haben. Jetzt treten Sie auf die Leine und rufen erneut. Kommt er, dann freuen Sie sich, loben ihn ruhig – und schicken ihn zurück ins Spiel. Üben Sie das Kommen heute irgendwann wieder, damit es schneller klappt.

Er kommt nicht
Auch nicht nach dem zweiten Rufen? Ziehen Sie die Leine ruckartig ein Stück zu sich her, lassen gleich wieder locker und geben ihm „knurrend" („Komm") in der Hocke sitzend eine letzte Chance. Entscheidet er sich jetzt für das Kommen, dann loben Sie ihn anerkennend und kurz, schicken ihn zurück – und üben das Ganze bald noch mal.

Er ignoriert Sie weiterhin?
Jetzt fehlt Ihnen jeglicher Sinn für Humor: Ziehen Sie den Unhold zu sich her, drängen ihn anschließend mit den Beinen ein Stück weiter zurück und setzen ihn neben sich ab. Warten Sie einen Moment, in dem er neben Ihnen sitzen bleiben muss und Sie kurz in die Ferne blicken. Loben Sie ihn dann ruhig und schicken ihn zurück ins Spiel. Versuchen Sie es kurz danach erneut, immer wieder, bis er es einmal richtig gemacht hat. Loben Sie ihn dann ausgiebig und brechen Sie die Übung sofort ab, indem Sie ihn endgültig ins schönste Spiel zurückschicken.

Sie haben keine Schleppleine angelegt?
Dann überlegen Sie genau, ob Sie den Jungspund rufen. Sobald Sie ihn nämlich gerufen haben, müssen Sie immer darauf bestehen, dass er kommt. Dazu können Sie 1. den Hund ein Stück wegscheuchen, um dann umzudrehen und ihn beim Weggehen zu rufen – kommt er jetzt, loben Sie ihn kurz und schicken ihn wieder ins Spiel. 2. Einfach weggehen und sich verstecken. Kommt er angerannt, sagen Sie in dem Moment „Komm" und schon haben Sie gewonnen.

Schaffen Sie einen Radius
Ganz wichtig beim „Freigang" ohne Leine: Finden Sie den Radius, innerhalb dessen Ihr Hund gut auf Sie hört. Und überlegen Sie sich ein Signal, das ihm bedeutet, in diesem Bereich zu bleiben – z. B. „Halt". So haben Sie die Kontrolle und können entscheiden, ob und wann er aus diesem Bereich heraus zu anderen Hunden rennen darf, und können sich ziemlich sicher sein, dass er auch kommt, wenn Sie ihn rufen. Oftmals fällt es Hundehalunken aber schwer, einem interessanten Reiz den Rücken zu kehren und zu Ihnen zu traben. Hier hilft das „Sitz aus der Bewegung" (siehe S. 114 und 116).

KRITIKER AUSBLENDEN Ihr pubertierender Hund muss immer kommen, wenn Sie ihn rufen. Wenn Sie jetzt konsequent bleiben, wird der Hund das Kommen bald in jeder noch so verführerischen Situation sicher vorführen – und das ist ganz in seinem Sinne, denn dadurch kann er leinenfrei laufen.

[a]

[b]

[c]

DAS IST *wirklich* WICHTIG

ZUVERLÄSSIGKEIT Der sichere Rückruf funktioniert bei den wenigsten Hunden, weil die Besitzer genau in dieser schwierigen Phase nicht auf ihn bestehen. Machen Sie es besser, geben Sie nie auf und trainieren Sie hier konsequent und geduldig.

BELOHNUNG Loben Sie Ihren tollen Hund, indem Sie ihn nur kurz berühren und gleich zurück ins Spiel schicken. Er lernt: Ich soll nur kurz kommen und darf dann gleich zurück.

ZU LANGSAM Laufen Sie bitte niemals Ihrem Hund hinterher und rufen dabei seinen Namen. Dadurch wird er schnell begreifen, wie langsam und hilflos wir Zweibeiner sind.

INTERESSE Den eigenen Hund ein Stück scheuchen, sieht zwar nicht schön aus, erzielt aber die Wirkung, dass er Sie interessant findet und ernst nimmt. Hunde machen das untereinander häufig, um Situationen zu „sprengen" und damit neue Aktionen möglich zu machen.

DAS IST *wirklich* WICHTIG

[a] **ABSETZEN AUS DER BEWEGUNG** Die Signal-Kommunikation auf Distanz können Sie fantastisch trainieren, indem Sie gleichzeitig Bleib, Absetzen und Ablegen aus der Bewegung üben. Sobald der Hund die Sichtzeichen kennt, können Sie anfangen: Setzen Sie ihn ab, sagen Sie „Bleib" und gehen Sie weg. Dann rufen Sie den Hund und setzen ihn durch das Sitzzeichen auf dem Weg zu Ihnen einmal ab.

[b] **ABLEGEN AUS DER BEWEGUNG** Ganz ähnlich wie bei (a) gehen Sie beim Ablegen aus der Bewegung vor: Sie entfernen sich vom sitzenden Hund, rufen ihn und legen ihn aus dem Lauf ab. Kommt er weiter entgegen, laufen Sie einfach auf ihn zu und signalisieren ihm dabei, dass er sich legen soll. Sobald er liegt, loben Sie mit der Stimme, laufen rückwärts zurück und rufen ihn vom Ausgangspunkt fröhlich zu sich.

[c] **KOMM** Schnell wird Ihr schlauer Hund verstanden haben, dass er sich nicht erst vor Sie, sondern direkt an Ort und Stelle setzen oder legen soll. Damit er genau weiß, wann die Übung beendet ist, sollten Sie sich das Rufen mit geöffneten Armen und in der Hocke als „Super-Signal" für den Abschluss aufheben. Er lernt: Dieses Zeichen gibt es am Ende der Übung – und kommt voller Vorfreude auf ein tolles Spiel oder eine Leckerei angeflogen.

SIGNALE
Sichere Kommunikation auf Distanz

Nutzen Sie schon Körper- und Lautsignale im Umgang mit Ihrem Hund, z. B. durch Schnalzen oder Sie klatschen Beifall? Dann machen Sie alles richtig: Hunde lernen neue Übungen nämlich am schnellsten, wenn wir Sie mit Körpersignalen kombinieren.

WAHRNEHMUNG VON HUNDEN

Hunde lieben Applaus und das Hundeauge verfügt über eine viel höhere zeitliche Auflösung als das Sehorgan des Menschen. Wenn wir 60 Bilder pro Sekunde als Einzelbilder wahrnehmen können, übertrumpft uns der Hund mit 80 Bildern pro Sekunde. Dadurch kann unser haariger Hausgenosse selbst kleinste Bewegungen wahrnehmen. Und das hilft ihm, die Körpersprache seiner Artgenossen oder das Jagdverhalten des Wildes in Sekundenschnelle zu analysieren und entsprechend richtig darauf zu reagieren. Er wird also auch uns besser verstehen, wenn wir Bewegungen für unsere Kommunikation gezielt einsetzen, indem wir ihm Zeichensprache immer parallel zur Lautsprache beibringen. Irgendwann brauchen wir dann gar nichts mehr sagen – und der Hund legt sich auf Entfernung nur auf unser Handzeichen ins Platz.

HANDZEICHEN „SITZ"

Heben Sie jedes Mal, wenn Sie Ihren Hund aus der Entfernung oder im Stehen ins „Sitz" rufen, gleichzeitig den Arm mit ausgestreckter Hand steil nach oben und halten Sie ihn in dieser Position, bis der Hund sich gesetzt hat. Weil Hunde Bewegungen sehr fein wahrnehmen können, wird er diese Veränderung in Ihrem Verhalten sofort bemerken und schnell realisieren, dass dieses Zeichen von nun an zur Übung dazugehört. Nachdem der Hund das Signal auf diese Weise kennengelernt hat, können Sie bald damit beginnen, es „ohne Worte" einzusetzen: Sie rufen den Hund, er dreht sich um und sieht Ihren erhobenen Arm – die Cracks unter den Hunden werden sofort schalten und sich setzen. Die breite Mehrheit wird wahrscheinlich unschlüssig gucken und abwarten. Geben Sie ihm in diesem Fall den entscheidenden Tipp, indem Sie laut und deutlich „Sitz" rufen. Bei dieser Reihenfolge (erst das Zeichen, dann das Wort nur wenn nötig als Hilfe hinzunehmen) bleiben Sie ab jetzt. Irgendwann brauchen Sie dann gar nichts mehr zu sagen: Ihr fantastischer Hund setzt sich sofort auf das Zeichen hin. Ganz wichtig, wie bei allen gemeinsamen Erfolgsmomenten im Trainingslager: Wir freuen uns gemeinsam miteinander und spielen ausgiebig.

HANDZEICHEN „PLATZ"

Auch das Trainieren des Handzeichens „Platz" ist eigentlich ganz einfach: Wir heben jedes Mal, wenn sich der Hund hinlegen soll, den Arm, allerdings halten wir ihn dabei nicht senkrecht hoch, sondern waagerecht zum Boden, mit ausgestreckter Hand. Der Hund wird das neue Zeichen sofort registrieren und erkennen, dass es ab jetzt immer zum Wort „Platz" gezeigt wird. Genau wie bei der vorherigen Übung können Sie bald damit beginnen, das Signal probeweise „ohne Worte" einzusetzen: Sie rufen den Hund, er dreht sich um und sieht Ihren ausgestreckten Arm – die Hochbegabten unter den Hunden werden sofort schalten und sich hinlegen. Gehen Sie lieber davon aus, dass Ihr Hund zu den durchschnittlich intelligenten Vertretern seiner Art gehört und sich wahrscheinlich unsicher umgucken und abwarten wird. Geben Sie ihm in diesem Fall wieder Hilfestellung, indem Sie laut und deutlich zur Erinnerung „Platz" rufen.

DOPPELTONPFEIFE
Ein Hilfsmittel der besonderen Art

Es ist wirklich einfach, seinem Hund die Pfeif-Signale „Komm" und „Sitz" beizubringen – Sie werden erstaunt sein, wie schnell Ihr Hund kombinieren kann.

SIGNAL „KOMM"

Sie rufen Ihren Hund („Komm") und pfeifen anschließend die glatte Tonfolge kurz-lang („Tüt – Tüüüüüt"). Gleichzeitig können Sie ihn durch weitere „Komm"-Signale (mit der Hand an den Oberschenkel klopfen/in die Hände klatschen/rückwärts laufen, den vollen Fressnapf in der Hand halten…) zum Kommen animieren. Achten Sie darauf, dass zwischen den beiden Tönen eine kurze Pause ist, dass sie also vom Hund deutlich als zwei Töne wahrgenommen werden. Die Pfeife setzen Sie jetzt immer ein, wenn Sie ihn in einer positiven Situation rufen: Wenn er lange sitzengeblieben und Sie weit weggegangen sind und er endlich zu Ihnen laufen darf – oder Sie haben am Wegrand einen Haufen Leckerchen entdeckt? Der Hund wird sich solche Aktionen sehr schnell merken und dadurch das Pfeifen als sehr lohnenswertes „Komm"-Signal abspeichern. Irgendwann wechseln Sie die Reihenfolge: Erst pfeifen, dann rufen Sie. Sie werden sehen: Ihr Hund wird wahrscheinlich schon auf das Pfeifen reagiert haben, bevor Sie überhaupt rufen mussten. Deshalb können Sie das Rufen irgendwann auch einfach ganz weglassen und nur noch nach ihm pfeifen. Wichtig: Pfeifen Sie nicht zu viel, sondern heben Sie es sich hauptsächlich für sehr positive Momente auf – damit es im Ernstfall auch wirklich klappt.

GIB JÄGERN KEINE CHANCE

Hunde reagieren in stressigen Situationen auf einen Pfiff viel schneller als auf lautes Gebrüll – und nebenbei sieht das auch sehr viel eleganter aus. Selbst ein Hund mit ausgeprägter Jagdveranlagung kann durch einen neutralen Triller gestoppt werden – und setzt sich „wie ferngesteuert" sofort hin. Wichtig, damit das auch wirklich klappt:
1. Wir starten das Signaltraining früh;
2. am besten noch bevor unser Freund dem Jagdfieber durch ein positives Hetzerlebnis verfallen ist, 3. und üben es von da an ständig und überall, bis es unserem Freund in Fleisch und Blut übergegangen ist. Üben Sie es auch unter Tempo: Rennen Sie mit Ihrem Hund, spielen Sie ein Jagdspiel – und stoppen es immer mal wieder durch den Sitz-Triller. So halten Sie kurz die Spannung und rennen dann mit ihm weiter. Das Gleiche können Sie auch am Rad machen – setzen Sie den Hund mitten auf der Fahrt durch den Triller ab und pfeifen ihn dann mit dem glatten Ton zur Aufholjagd. Damit tun wir ihm und uns viel Gutes: Wir haben zusammen Spaß und trainieren nebenbei das Absetzen aus der Geschwindigkeit. So bekommen wir einen Hund, dessen Jagdverhalten kontrollierbar ist, und können den Ausflug durch Feld und Wald entspannter genießen.

SIGNAL „SITZ"

Wenn Ihr Hund schon auf Handzeichen trainiert ist, wird es ihm leichter fallen, das Pfeifsignal für das „Sitz" zu lernen, denn Sie haben ein weiteres Zeichen, mit dem Sie ihm deutlich machen können, was Sie jetzt von ihm erwarten. Wir gehen vor wie gehabt: Wir sagen deutlich „Sitz", geben das Handzeichen und trillern gleich anschließend einmal kräftig und kurz. Der Hund wird sich über den Aufwand, den Sie hier plötzlich betreiben, beim ersten Mal sicher etwas wundern. Lassen Sie sich nicht beirren: Wiederholen Sie diese Darbietung immer wieder im Laufe dieses und der folgenden Tage. Irgendwann können Sie nach und nach die anderen Hilfen (erst Stimme, dann das Handzeichen) weglassen – und der Hund reagiert nur noch auf den Triller. Wenn das sicher „sitzt", können Sie den Hund aus der Bewegung absetzen: Sie gehen spazieren, der Hund läuft vor. Jetzt trillern Sie einmal kurz und kräftig – der Hund wird sich beim ersten Mal wahrscheinlich erstaunt umsehen. Wiederholen Sie den Triller und nehmen Sie das Handzeichen dazu. Hat Ihr Hund richtig reagiert, gehen Sie zu ihm hin, loben ihn ruhig und schicken ihn mit „Lauf" wieder los. Dieses „Absetzen aus der Bewegung mit Triller" können Sie von nun an immer wieder, jeden Tag üben.

DAS IST *wirklich* WICHTIG

[a] DIE EINE UND SONST KEINE Die Doppeltonpfeife ist eine Errungenschaft aus dem Jagdwesen und zeichnet sich gegenüber anderen Hundepfeifen durch drei wichtige Besonderheiten aus:

1. Sie kann zwei Arten von Tönen erzeugen: den Triller und den „glatten" Ton.

2. Auch wir Menschen können sie hören.

3. Sie ist immer neutral, das heißt: Egal, wie gerne Sie Ihren Hund gerade zum Mond schießen möchten – dem Pfiff hört man Ihre Wut nicht an. Ein Grund mehr für den Hund, sich doch fürs Kommen zu entscheiden.

[a]

DAS IST *wirklich* WICHTIG

DUMMIES sollten zur Größe Ihres Hundes passen, es gibt sie passend für Zwergpudel ebenso wie für Doggen. Manche Hunde ziehen Plastik den Stoffbeuteln oder Gewicht einer leichteren Variante vor. Am besten, Sie testen aus, was der Hund mag.

[a] BIS [f] Achten Sie auf die Körpersprache der Halterin: sie zeigt und bestärkt die Konzentration, Spannung und den großen Spaß am Training.

APPORTIEREN
Beschäftigung für viele Hunde

Bälle jagen scheint das Lieblingsspiel vieler Hunde und ihrer Menschen zu sein. Die traurige Wahrheit: Es werden Verhaltensabläufe gezeigt, die Rauschzustände im Hund auslösen können. Dabei gibt es eine tolle Art, Hunde besser zu beschäftigen.

TEAMWORK

Apportieren ist verbindendes Teamwork, schult das Erinnerungsvermögen, die Kommunikation auf Distanz und eignet sich hervorragend dazu, Jungspunde auf Sinnsuche und mit zu viel Energie ein bisschen zu erden. Dabei muss der Hund etwas machen, dass seiner Natur eigentlich zuwider läuft: Er muss Beute abgeben, statt sie für sich zu sichern – eine wahre Herausforderung. Deshalb sollten wir ihm zuerst einen Deal vorschlagen: Spielst du mit mir dieses spannende Spiel, dann gibt es Futter für Beute.

SCHRITT 1: SPANNEND MACHEN

Machen Sie zuerst das Dummy spannend, indem Sie es dem Hund immer mal wieder zeigen. Nehmen Sie es dabei in die Hand, wiegen, beschnuppern und bewundern Sie das Stoffding, als wäre es ein Heiligtum. Legen Sie das Dummy dann wieder an einen Ort, den der Hund sehen, aber nicht erreichen kann. Nach ein paar Tagen holen Sie es vom Schrank und ermuntern den Hund, das Dummy spielerisch in den Fang zu nehmen. Dann sagen Sie „Aus" und in dem Moment, in dem der Hund abgibt, geben Sie ihm eine leckere Belohnung und freuen sich über ihn. Diese erste Übung wiederholen Sie und bauen sie langsam aus: Jetzt werfen Sie das Dummy ein kleines Stück. Achten Sie darauf, dass der Hund während des Werfens sitzen bleibt. Dazu sagen Sie deutlich „Sitz und Bleib" und werfen erst dann das Dummy. Will er loslaufen, sichern Sie ihn mit der Hand oder indem Sie auf die Laufleine treten. Er lernt: Erst wenn ich geschickt werde, darf ich apportieren. Sie können den Moment des Sitzenbleibens auch gut für den Spannungsaufbau nutzen – das kurze Warten kann Hunde sehr motivieren. Sobald der Hund mit dem guten Stück bei Ihnen angekommen ist, sagen Sie wieder „Aus" und lassen es aus dem Maul in Ihre Hand fallen. Vergessen Sie nicht die Belohnung.

SCHRITT 2: SITZ & DRAUSSEN

Jetzt soll der Hund lernen, sich beim Abgeben zu setzen. Das bedeutet, erst wenn er sitzt und das Dummy ausgegeben hat, gibt es die Leckerei. Langsam können Sie diese Übung erst in den Garten, dann auf den Spaziergang ausweiten. Dabei kann das Dummy irgendwann auch ins hohe Gras geworfen werden, so dass es nicht zu sehen ist. Bauen Sie Spannung auf, indem Sie sich vor den Hund hocken und ihn dann mit „Apport" – und den Arm in die entsprechende Richtung gestreckt – zum Holen schicken.

SCHRITT 3: WEITERE DUMMIES

Jetzt hat der Hund den Sinn der Übung verstanden. Sie brauchen nicht mehr jedes Mal mit Futter zu belohnen, sondern nur hin und wieder. Nehmen Sie jetzt nach und nach weitere Dummies hinzu, die Sie in unterschiedliche Richtungen werfen. Der Hund muss sich die Fallstellen merken – und die Dummies nach und nach zu Ihnen bringen. Erst am Ende der Übung gibt es die Belohnung oder ein lustiges Spiel.

SCHRITT 4: PIRSCH

An ein Dummy kann man sich auch gemeinsam „anpirschen". Dazu werfen Sie das Dummy und „schleichen" dann geduckt neben dem Hund auf dieses zu. Sagen Sie dabei „Pieieiersch" – und legen auf dem Weg zur „Beute" den Hund immer mal wieder ins „Platz", indem Sie selber auch in die Hocke gehen und gleichzeitig „Platz" sagen. Nach und nach wird der Hund verstehen, was „Pieiersch" bedeutet, und großen Spaß daran haben, sich zusammen mit Ihnen geduckt dem Dummy zu nähern. Das letzte Stück darf er dann sprinten und es holen und zu Ihnen unter Ihrer großen Freude bringen. Dummytraining geht noch vielseitiger – haben Sie Interesse, sollten Sie ein Buch dazu kaufen oder einen Kurs besuchen.

FELD & FLUR
Übungen, die Ausflüge schöner machen

Das ist der Traum eines jeden Hundehalters: Gemeinsam mit Hund auf langen Spaziergängen die Natur erleben und stressfrei genießen. Damit das in der Realität auch wirklich klappt, können Sie Ihrem Hund noch ein paar nützliche Tricks beibringen.

„VORAUS"

Hunde sind überdurchschnittlich begabt, uns zu beobachten: Sie analysieren ständig unser Verhalten und wissen genau, was wir sehen und hören können. So verstehen sie schon als Welpen, dass wir z. B. alles, was hinter uns passiert, nur stark zeitverzögert wahrnehmen. Kein Wunder, dass einige Hunde bevorzugen, beim Spaziergang hinter uns zu bleiben. Daraus ergeben sich viele Vorteile: Zum Beispiel können sie sich unbemerkt in aller Ruhe in herrlich stinkendem Aas wälzen oder eklige Dinge fressen. Wenn Sie solchen Vorlieben vorbeugen wollen, bleibt Ihnen nur eines übrig: Schicken Sie Ihren Hund voraus. Der Vorteil ist offensichtlich: Hier haben wir ihn immer im Blick und können schneller reagieren. Sagen Sie also am Anfang „Voraus" immer dann, wenn er sowieso gerade an Ihnen vorbeizieht. Mit der Zeit wird er das Wort mit der Situation verbinden. Dann verlangen Sie es auch, wenn er hinter Ihnen ist – gucken Sie sich um, sagen Sie „Voraus" und klatschen auffordernd in die Hände. Bei manchen Kandidaten hilft es, am Anfang ein Stück spielerisch scheuchend hinter ihnen herzulaufen. Sobald er vorne bleibt, loben Sie ihn („Prima, Voraus"), sobald er sich wieder zurückfallen lässt, schicken Sie ihn voraus. Der Hund wird schnell verstehen, was dieses neue Wort bedeutet.

„AN DIE SEITE" ODER „RÜBER"

Es gibt nur wenige Gebiete, in denen wir stundenlang auf keine Menschenseele treffen – das Bedürfnis nach Ruhe und Natur eint uns mit vielen anderen Lebewesen. Das sollten wir achten und uns rücksichtsvoll benehmen. Zum Beispiel, indem wir unserem Hund beibringen, aus dem Weg „An die Seite" zu gehen. Dieses Signal lernen Hunde nebenbei: Wiederholen Sie bei jedem Spaziergang immer mal wieder die Aufforderung „An die Seite" oder „Rüber" und deuten dabei an den Wegrand neben sich. Am Anfang wird unser Begleiter zu uns kommen, das ist vom Ansatz her schon mal richtig, also loben wir ihn und zeigen noch mal genau an die Stelle, wo wir ihn haben wollen. Sobald er dort ein kurzes Stück neben uns geblieben ist, schicken wir ihn wieder „Voraus". Nach und nach wird er begreifen, dass er nicht bis zu uns kommen muss.

„RRRRAUS DA"

Abseits von Wegen beginnt meist das Dickicht mit seinen großen Abenteuern: Da gibt es Kaninchenlöcher, im Laub raschelnde Mäuse, streng riechende Fuchsbauten und abgelegte Rehkitze oder Hasenkinder. Umsichtige Hunde- und Naturfreunde wissen das und lassen ihre Lieblinge nicht abseits von Wegen durchs Unterholz jagen. Es gibt Zeiten im Jahr, da müssen Hunde überall an der Leine geführt werden. Der Grund: Von April bis Juli ist „Schon- und Setzzeit". Das heißt konkret: Im Frühjahr müssen trächtige Rehe und Häsinnen „geschont" werden, später sollen Rehkitze und Hasenbabys sicher aufwachsen können. Ein tolles Mittel, Hunde aus dem Dickicht rauszuholen: Bringen Sie ihm bei, was „Raus da" bedeutet. Dafür sagen Sie, sobald er ins Unterholz verschwinden möchte: „Raus da". Der Hund wird natürlich erst mal nicht verstehen, was das nun wieder bedeuten soll. Aber weil er grundsätzlich ein gutmütiger Kerl ist, wird er aus dem Unterholz heraus- und zu uns gelaufen kommen. Das ist der erste Schritt in die richtige Richtung: Dafür loben wir ihn und schicken ihn wieder voraus. Sobald er Anstalten macht, im Dickicht unterzutauchen, wiederholen wir unser neues Signal, indem wir das „r" übertrieben vor dem eigentlichen Wort herrollen: „Rrrrrrrrrrrraus da" wird der Hund sofort als neues, eindrückliches Wort wahrnehmen und bald mit der entsprechenden Situation verknüpfen. Kommt er nicht, springen Sie überraschend ins Unterholz und scheuchen ihn mit „Rrrrrrraus da" heraus. Schon bald wird unser schlauer Hund verstehen, was wir damit meinen: Er soll zwar aus dem Unterholz, aber er braucht nicht bis zu uns zu kommen.

ENDLICH ERWACHSEN
Unterwegs mit einer Hundepersönlichkeit

SIE HABEN ES GESCHAFFT: DIE AUFREGENDE ZEIT MIT WELPEN UND PUBERTIERENDEM HUND LIEGT HINTER IHNEN. AN IHRER SEITE STEHT EINE HUNDEPERSÖNLICHKEIT, DIE ENTSPANNTE SPAZIERGÄNGE, TIEFE FREUNDSCHAFT UND ENGE VERTRAUTHEIT GENAUSO GENIESST WIE SIE. DOCH KEIN GRUND, SICH AUF LORBEEREN AUSZURUHEN, DENN: ZUSAMMEN HERAUSFORDERUNGEN MEISTERN MACHT SPASS UND GLÜCKLICH.

ENDLICH ERWACHSEN

TRAINING
Drei Tipps für Fortgeschrittene

Wenn unser Hund bisher viel gelernt hat, dann sollten wir seine Lernbereitschaft weiter fördern – und ihm noch mehr beibringen. Nicht nur, dass er dadurch geistig fit bleibt – wir können auch herrlich mit ihm angeben. Also: Ab in die Trickwerkstatt.

AUS DER ENTFERNUNG AUFSETZEN

Sie haben Ihren Hund abgelegt und wollen nun, dass er sich aus dieser Position auf Ihr Zeichen hin aufsetzt. Dazu stellen Sie sich zuerst vor den Hund, schnipsen über seinen Kopf, „schaufeln" Luft mit der Hand von unten nach oben, so dass Sie am Ende das Sitz-Handzeichen zeigen, und sagen dabei laut „Hoch". Einige machen intuitiv gleich alles richtig, andere brauchen den Anreiz über Futter. Machen Sie alles wie beschrieben, aber halten Sie dabei ein Stück Futter in der Hand. Sobald der Hund sich aufgesetzt hat, bekommt er die Belohnung. Das wiederholen Sie, schleichen das Futter langsam aus und entfernen sich Stück für Stück vom Hund. Bald können Sie Ihren Hund von ganz weit weg nur mit dem Handzeichen aus der liegenden in die sitzende Position holen – und umgekehrt.

ÜBER DAS BEIN SPRINGEN

Am Anfang setzen Sie sich auf den Boden vor den Hund, strecken das Bein aus und sagen „Hopp". Zur Unterstützung können Sie dahinter ein Spielzeug halten, das Sie in dem Moment des Springens ein Stück werfen. Sobald der Hund durchschaut hat, was wir von ihm wollen, können wir uns langsam aufrichten und den Hund erst aus der Hocke, dann stehend über unser Bein hopsen lassen. Fortgeschrittene springen sogar über mehrere Beine hintereinander. Ein herrlicher Trick auch für Kinder, die auf diese Weise mit dem Hund spielerisch trainieren können. Später kann das Springen auch zur Motivation eingesetzt werden, z. B., wenn wir den Hund weit hinten abgesetzt haben, ihn abrufen und er noch ein Stückchen „fliegt."

KEHRTWENDE BEI FUSS

Noch ein prüfungstauglicher Trick, der nebenbei sehr elegant aussieht: Der Hund läuft bei Fuß, plötzlich drehen wir uns zum Hund um 180°, tauschen dabei die Leine von einer Hand in die andere und laufen anschließend in die entgegengesetzte Richtung weiter. Der Hund läuft dabei einmal hinter uns herum, so dass er auch auf dem Rückweg wieder links neben uns weiterläuft. Diese Übung bringen wir dem Hund einfach durch Üben bei: Wir drehen uns betont langsam, sagen dabei „Kehrt" und nehmen den Hund mit. Danach wird er gelobt, als hätte er schon alles richtig gemacht. Nach etlichen Wiederholungen, gestreckt auf mehrere Tage, wird er irgendwann wissen, was wir von ihm erwarten – und es spielerisch leicht und gerne vorführen.

LECKERCHEN FÜRS TRICKTRAINING?

Für erwachsene Hunde gilt: Charakterfeste Hundepersönlichkeiten sind oft nicht mehr so leicht für jede Trickserei zu begeistern – hier kann ein bisschen Bestechungsfutter nachhelfen. Keine Angst: Damit „verziehen" wir den Hund nicht. Die Bindung an uns wurde während der Welpen- und Pubertätszeit für alle Zeiten fest besiegelt, Belohnungshappen dienen hier nur dazu, dem erwachsenen Hund neue Trainingseinheiten „schmackhaft" zu machen. Das Leckerli dient hier als kleine Motivationshilfe, die bald wieder reduziert und irgendwann ganz weggelassen werden kann. Übrig bleibt ein kleines Trickrepertoire für Regentage oder Teegesellschaften (siehe S. 131), die dann unter Applaus vorgeführt werden können.

PRÜFUNGSREIF
Begleithundeprüfung & Hundeführerschein

In vielen Bundesländern gibt es Hundegesetze oder -verordnungen, die einen Sachkundenachweis fordern. Damit ist eine theoretische und praktische Prüfung gemeint, die Personen machen müssen, die einen Hund in der Öffentlichkeit führen.

ABLAUF DER PRÜFUNGEN

In manchen Bundesländern wie Hamburg gilt der bestandene Test als Leinenbefreiung, in Niedersachsen ist er Pflicht für alle, die sich einen Hund nach dem Juli 2011 angeschafft haben. Wenn auch so manchen von uns der Druck von oben ärgert, so haben die neuen Gesetze auch ihre Vorteile: Prüfungszwang sorgt dafür, dass sich Menschen vor der Anschaffung über die Bedürfnisse eines Hundes Gedanken machen. Das könnte vielen Hunden das Tierheim ersparen und auch Unfälle verhindern helfen. Die Prüfungen sind für jeden leicht zu bestehen, der seinen Hund umsichtig und liebevoll erzogen hat. Folgende Testinhalte werden geprüft:

1. Die theoretische Prüfung

Sie ist die Voraussetzung, um zur praktischen Prüfung zugelassen zu werden. Dazu sollen Sie zu diesen Themen rund 40 Fragen beantworten: Domestikationsgeschichte des Hundes, Verhalten (Kommunikation, Angst, Aggression), Wissen zur Aufzucht (Welpenkauf, Lernverhalten, Pflege, Ernährung, Gesundheit), rücksichtsvolles Führen von Hunden in der Öffentlichkeit, Rechte und Pflichten als Hundehalter. Die Prüfung gilt meist als bestanden, wenn 80 Prozent der möglichen Punktzahl erreicht wurden.

2. Die praktische Prüfung

Hier wird getestet, ob Sie in der Lage sind, Ihren Hund gefahrfrei und rücksichtsvoll in der Öffentlichkeit zu führen. Wichtig: Bevor Sie teilnehmen dürfen, müssen Sie nachweisen, dass der Hund über ein Jahr alt ist, über einen aktuellen Impfschutz, eine Tierhalterhaftpflichtversicherung und einen implantierten Mikrochip zur Identifikation verfügt. Dann geht es los: Zuerst sollen Sie den Grundgehorsam vorführen (Rückruf, Gehen an lockerer Leine in verschiedenen Geschwindigkeiten und mit Wendungen, freies Fußlaufen, Sitz, Platz und Bleib auch unter Ablenkung). Sie müssen den Hund davon abhalten können, ein vom Prüfer angebotenes Futter zu nehmen, der Hund wird von einer fremden Person angefasst, seine Ohren, Zähne und Pfoten werden kontrolliert, er begegnet Kindern, anderen Hunden und fremden Menschen. Er muss sich ein Spielzeug wegnehmen lassen und wird dabei beobachtet, wie er sich beim Anblick von Joggern, Radfahrern oder Menschen auf Krücken verhält. Er soll durch eine Menschenmenge, in ein Geschäft, Restaurant oder Café gehen und sich dort aufhalten. Außerdem wird geprüft, ob er Fahrstuhl fahren kann und ob er sich einen Maulkorb anlegen lässt. Bei all diesen Situationen wird auch geschaut, ob Sie Ihren Hund richtig einschätzen können. Die einzelnen Teile werden mit den Noten „sehr gut", „gut", „ausreichend" oder „ungenügend" bewertet, dabei muss in jeder Übung mindestens ein „ausreichend" erreicht werden, damit die Prüfung am Ende als bestanden gilt.

ANERKENNUNG DES PRÜFERS

Fragen Sie vor der Anmeldung zur Prüfung beim Ordnungsamt nach, ob der Test auch als Sachkundenachweis anerkannt wird. Dazu muss nämlich der Prüfer die Lizenz als anerkannter Sachverständiger haben. Viele Hundeschulen bieten die Prüfung zum Hundeführerschein an – doch Vorsicht: Manche Prüfungen werden nur für das Bundesland anerkannt, in dem sie abgenommen wurden. Auf Nummer Sicher gehen Sie, wenn Sie eine Hundeschule wählen, die den Hundeführerschein des BHV (Bundesverband der Hundeerzieher und Verhaltensberater) abnimmt, oder die nach den Richtlinien des VDH (Verband für das Deutsche Hundewesen) arbeitet und prüft. Die Trainer kommen meist aus Hundevereinen, die dem VDH angeschlossen sind. Örtliche Vereine bieten den VDH-Hundeführerschein ebenfalls an. Die Prüfungen des BHV und VDH werden in Deutschland, die des VDH auch in den Nachbarländern anerkannt.

AGGRESSION
Vom Imponierverhalten bis zur Klopperei

Aggressive Verhaltensweisen unter Hunden sehen gruselig aus, haben aber ein sehr friedliches Ziel: Sie sollen Rangverhältnisse und Interessenkonflikte klären, ohne dass es dabei zu Verletzungen kommt.

KONFLIKTE UNTER HUNDEN

Hunde kennen viele Möglichkeiten, um ernsthafte Beißereien zu verhindern. Durfte unser Hund schon in der Welpenschule lernen, wie man sich gekonnt aus der Affäre zieht oder Gegner beschwichtigt, stellen Stresssituationen mit Artgenossen für ihn kein Problem dar. Trotzdem ist es wichtig, Konflikte beurteilen zu können.

Defensive & offensive Aggression

Beide Aggressionsformen zeigen Nasenrückenrunzeln, ansonsten wird schnell deutlich, wer hier der Chef ist: Der unterlegene Hund zieht alles nach hinten (Ohren und Mundwinkel), die Zähne sind voll sichtbar und werden oft geleckt. Die Rute wird tief gehalten oder sogar bis unter den Bauch eingezogen, die Stirn ist glatt. Der offensive Hund zeigt dagegen alles, was er hat: Ohren, Körperhaltung und Rute werden nach vorne gerichtet, die Mundwinkel sind kurz und rund, so dass nur die vorderen Zähne zu sehen sind. Die Stirn ist gerunzelt. Die meist stark ritualisierten Kämpfe entstehen, wenn sich der „Unterlegene" zu sehr in die Ecke gedrängt fühlt, wenn wichtige Ressourcen im Spiel sind (Sexualpartner, Revier) oder der Hund während der Sozialisation nicht genug Konfliktmanagement gelernt hat. Ein echter Beschädigungskampf ist selten, meist handelt es sich um Scheinkämpfe.

Imponierverhalten

Defensive und offensive Körperhaltungen wie T-Stellung, Anstarren, Drohfixieren oder Provokation durch Anstarren oder Körperkontrolle durch Beriechen.

Abbruchsignale

Meist beginnt der offensive Hund mit Drohsignalen (strenger Blick/Anstarren, Stirnrückenrunzeln, warnendes Anheben der Stimme). Hilft das nicht, kommen körperliche Abbruchsignale zum Einsatz (Zwicken, Anrempeln, Wegschubsen) und zuletzt deutlichere Methoden (Über-den-Haufen-Rennen, Umwerfen, Überstellen oder Runterdrücken).

Beschwichtigungssignale

Sie sind der Gegenpart zu den Abbruchsignalen, sie werden von unten nach oben gezeigt und sollen eine Eskalation durch Unterwerfung verhindern. Dazu hebt der unterlegene Hund z. B. die Pfote, dreht sich freiwillig auf den Rücken oder leckt die Mundwinkel.

Beruhigungssignale

Sie werden immer von oben nach unten gezeigt, das heißt: der ranghöhere beruhigt durch diese Signale den rangniederen Hund (souveräne Blickabwendung, Schnuppern am Boden, einen Bogen laufen, Markieren mit Blick Richtung Horizont).

KONFLIKTMANAGEMENT

Begegnen sich zwei rivalisierende Hunde, sollten Sie immer versuchen, die Situation zu entschärfen. Gehen Sie einfach weg. Solange Sie neben Ihrem Hund stehen und mit Spannung beobachten, was als Nächstes passiert, fühlt er sich durch Ihre Gegenwart doppelt mutig. Wir nehmen ihm dieses Rudelgefühl, indem wir die Arena mit gespieltem Desinteresse verlassen (behalten die Situation aber im Auge) – und der Hund wird es uns wahrscheinlich schnell gleichtun und sich gekonnt aus der Affäre ziehen. Hat Ihr Hund generell große Freude dabei, andere Hunde „klein zu machen", sollten Sie einschreiten. Der Grund: Beim „Gewinnen" werden Endorphine im Körper ausgeschüttet, und die sorgen für ein gutes Gefühl. Deshalb möchten sich Rowdies ständig kloppen. Ihr Hund gehört dazu? Dann warnen Sie den Raufbold mit Worten wie „Lass es" vor. Beeindruckt das den Streithahn nicht und er lässt sich auch nicht abrufen, schreiten Sie energisch gegen ihn vor und drängen ihn in aufrechter Körperhaltung mit den Beinen weg vom anderen Hund. Oder Sie lassen warnend Ihren Schüsselbund klimpern, wenn Sie meinen, dass er in Raufstimmung ist. Greifen Sie hier früh ein: Umso schneller Sie auf aggressives Gehabe richtig reagieren, umso besser können Sie Schwierigkeiten im Alltag vorbeugen.

DAS IST *wirklich* WICHTIG

[a] ATTAKE Wie bei der Rauferei auf dem Schulhof gibt es meistens einen „Anführer", der zur Jagd auf ein „Opfer" bläst und dabei von anderen begeistert unterstützt wird. Die Aktion startet als Jagdspiel getarnt und endet mit dem „Erlegen" des Gejagten.

[b] SCHREITEN SIE EIN Zeigt der Raufbold zu häufig Spaß am Mobbing und viel Motivation beim „Erlegen" eines Gegners, dann schreiten Sie aufrecht und deutlich in die Gruppe und sprechen Ihren Hund mit einem Signalwort wie „Lass es" an.

[c] SITUATION SPRENGEN Durch das Einschreiten wird der Rädelsführer gestoppt und fühlt sich nicht als „Gewinner", das „Mobbingopfer" geschützt und nicht zu sehr erniedrigt. Die Hunde können sich neu orientieren und ein besseres Spiel beginnen.

TRICKSCHULE
We love to entertain you

Viele Hunde lieben den Auftritt vor Publikum und freuen sich über tosenden Applaus – mit diesen Nummern können Sie also Ihren Hund und Teegesellschaften gut unterhalten.

PENG

Hier soll sich der Hund still auf die Seite legen und „tot stellen". Leider findet man den Trick nur selten in Perfektion vorgeführt, denn die meisten Hunde wedeln dabei mit dem Schwanz. Aber sie haben eindeutig Spaß an der Sache – und das ist das Entscheidende: Wir legen den Hund ab und sagen „an die Seite", drehen ihn mit Hilfe unserer Hände auf die Seite. Wir halten ihn in dieser Position fest und sagen „Peng" – immer wieder, bis wir ihn schließlich wieder freigeben und uns mit ihm über ihn freuen. Um ihm die ganze Sache schmackhaft zu machen, könne Sie ihm nach dem Stillliegen zur Belohnung Anfangs etwas Leckeres geben. Das Ganze wiederholen wir nach einer Spielpause und versuchen bald, die Hände vom Hund zu nehmen, ohne dass er den Kopf hebt oder aufsteht. Dabei wiederholen wir „Peng". Sobald er kurz still liegen geblieben ist, freuen wir uns über unseren begabten Hund. Jetzt soll er lernen, dass er auch auf Entfernung auf „Peng" richtig reagiert und still liegen bleibt. Dazu entfernen wir uns immer weiter von ihm und verlängern langsam die Dauer des „Totstellens". Wenn wir viel Geduld haben, wird er sich irgendwann bei „Peng" sofort hinlegen und tot stellen. Den klopfenden Schwanz ignorieren wir und freuen uns über unsere nachgewiesene Eignung zum Tierdompteur.

AN DIE SEITE UND HERUM

Die stabile Seitenlage kennt der Hund ja bereits vom „Peng"-Trick. Jetzt kommt das Rundherum: Wir sagen „An die Seite" und dann „und herum", fassen den Hund zeitgleich an den Vorderbeinen und drehen ihn auf die andere Seite. Mag der Hund nicht so gerne angefasst werden, können Sie auch sein Spielzeug über den Kopf an die andere Seite legen, so dass er sich automatisch mitdreht. Exakt in dem Moment bekommt der Hund eine kleine Belohnung. Das wiederholen wir so oft wie es uns und unserem Hund Spaß macht. Irgendwann benutzen wir nur noch eine Hand zum Drehen, mit der anderen klopfen wir auf die Seite, zu der sich der Hund drehen soll. Sie werden spüren, wann der Hund mit seiner Körperkraft mitarbeitet. Ab diesem Moment lassen Sie Ihre Hilfestellung ganz bleiben und beschränken sich nur noch auf das Klopfen und die Worte „und herum". Jetzt können Sie noch ein Handzeichen hinzunehmen: Wenn der Hund abgelegt ist und zu Ihnen blickt, sagen Sie „und herum" und machen mit der Hand eine Kreisbewegung. Das Signal kann der Hund verinnerlichen und kann irgendwann sogar lautlos – nur auf Ihr Handzeichen hin – eine oder mehrere Rollen hintereinander vorführen. Gut trainierte Hunde drehen sich sogar auf das entsprechend spiegelverkehrte Zeichen in die andere Richtung. Viel Spaß!

SACHENSUCHER

Dieses Spiel macht nicht nur Spaß, Hunde können auch ihre Konzentrationsfähigkeit dabei steigern. Sie fangen an, indem Sie den Hund absetzen und ihm sein Lieblingsspielzeug zeigen. Dann schlendern Sie durchs Zimmer und verstecken das Spielzeug an einer Stelle, die er von seiner Position aus nicht direkt sehen kann. Beginnen Sie mit einem leichten Versteck, das eigentlich unter dem geistigen Niveau Ihres Hundes ist. Der schnelle Erfolg nach einer kurzen Suche und Ihre große Freude über sein detektivisches Gespür wird ihn dieses Spiel von der ersten Runde an lieben lassen. Langsam können Sie jetzt den Schwierigkeitsgrad steigern: Verstecken Sie den Gegenstand so, dass er gar nicht mehr zu sehen ist, z. B. unter einem Kissen. Nach mehreren Spieleinheiten können Sie den Hund dann sogar vor der Tür absetzen: Jetzt kann er gar nicht mehr sehen, wo Sie den Gegenstand verstecken. Wichtig bei dieser Spielstufensteigerung: Wählen Sie zuerst wieder eher einfache Verstecke. Besonders Kinder lieben das Sachensucherspiel und zeigen sich sehr kreativ im Versteckefinden. Das Erinnerungsvermögen wird trainiert, wenn wir uns vom Hund dabei beobachten lassen, wie wir an einem bestimmten Ort das Spielzeug verstecken und ihn erst am nächsten Tag zum Suchen schicken.

BESCHÄFTIGUNG
Spielideen auf dem Spaziergang

Wenn wir Hunde dazu auffordern, sich neuen Aufgaben zu stellen, kann das ihr Selbstbewusstsein stärken, sie lebenslang lernwillig und neuen Herausforderungen gegenüber offen halten. Abenteuer im Alltag lassen sich überall finden – wir müssen nur die Augen aufmachen.

PERSPEKTIVENWECHSEL

Das kann z. B. ein Abwasserrohr sein, das neben einer Baustelle liegt. Die Aufgabe: Hier kann der Hund balancieren, darüber hinwegspringen und schließlich – für ganz Mutige – durch den Tunnel laufen.
Auch Bänke eignen sich hervorragend als Übungsobjekte: Der Hund kann neben uns Sitzen und die Aussicht genießen, unter der Bank hindurchkriechen oder über die Lehne springen. Bringen Sie für diese Übung aber bitte ein paar Tücher mit, damit Sie die Bank wieder sauber hinterlassen. Für die „Klettermaxe" unter den Hunden: umgefallene Bäume, schräg wachsende Weiden oder niedrige Astgabeln – geschickte Hunde können hier hochklettern oder hochspringen.

FINDERLOHN

Voraussetzung für diesen Trick: Ihr Hund muss das Apportieren (siehe S. 119) und Sachensuchen (siehe S. 131) beherrschen. Darauf aufbauend können Sie ihm dieses herrliche Spiel beibringen: Sie lassen aus Versehen einen unempfindlichen Gegenstand fallen (z. B. ein Stofftaschentuch) und reagieren ein paar Schritte später: Mein Taschentuch! Holst du mir bitte mein Taschentuch? Ihr Hund wird Sie vielleicht nicht auf Anhieb verstehen, aber jetzt gehen Sie zurück und zeigen auf das Objekt und animieren ihn dazu, es aufzunehmen. Loben Sie den Hund, als hätte er schon etwas richtig gemacht, und lassen Sie es sich wiedergeben. Jetzt gehen Sie erneut ein paar Schritte, lassen das Taschentuch fallen und wiederholen die Aufforderung. Viele Hunde werden jetzt schon verstanden haben, anderen muss es öfters gezeigt werden. Irgendwann können Sie die Entfernungen vergrößern, die der Hund suchend zurücklegen muss. Zunächst sollte sich der „verlorene" Gegenstand jedoch immer in Sichtweite befinden. Ist der Hund sicher genug und hat Freude an dem Spiel, können Sie die Distanz verlängern, vielleicht auch irgendwann abbiegen, so dass der Hund den gegangenen Weg zurückverfolgen muss, bis er das Taschentuch gefunden hat. Sein liebster Finderlohn: Ihre große Anerkennung für seine enorme Klugheit.

FEIN BRINGEN

Wenn Ihr Hund das Apportieren liebt und sicher beherrscht (siehe S. 119), können Sie ihn nach dem Einkauf sein Futter selber nach Hause tragen lassen. Eine großartige Idee, deshalb wird sie hier vorgestellt: Eine kleine Tasche mit beißfestem Tragegriff aus weichem Gummi macht's möglich und Hund kann greifen und tragen (www.ernl.de/ Fotos rechts). Und so geht's: Füllen Sie die Tasche mit Leckereien und setzen Sie den Hund ab. Stellen Sie die Tasche vor ihn hin, gehen Sie ein Stück weg und fordern Sie ihn auf, zu apportieren. Oft greifen Hunde nicht in den Griff, sondern schlagen mit der Pfote dagegen oder beißen in den Stoff. Ist der Hund zu motiviert, nehmen Sie erst einmal nur den Griff heraus und lassen sich diesen bringen. Danach befestigen Sie ihn wieder vor den Augen des Hundes an der Tasche und versuchen es erneut. Sobald der Hund die Tasche gebracht hat, freuen Sie sich und lassen ihn aus der Tasche fressen. Verlängern Sie die Distanzen und packen Sie irgendwann andere Gegenstände hinein. So lernt der Hund, die „schwere" Tasche zu tragen.

HUNDESPORT Ob Flyball, Frisbee, Agility, Mantrailing oder Apportieren – die Liste ist lang und vielseitig. Informationen zu den Hundesportarten erhalten Sie in Deutschland über den DHV (Deutschen Hundesport Verband), in Österreich über den ÖHU (Österreichische Hunde Sport Union) und in der Schweiz über den TKAMO (Technische Kommission Agility Mobility Obedience).

DAS IST *wirklich* WICHTIG

WEITERBILDUNG Viele Halter sind in der Welpenzeit sehr engagiert und hören dann plötzlich mit dem Erwachsenwerden des Vierbeiners auf, ihn zu fördern. Doch Hunde wollen mehr als nur den Grundgehorsam lernen. Suchen Sie sich gemeinsam Sportarten, oder schauen Sie einmal in die Trickkiste.

SEIEN SIE ATTRAKTIV Bindung zu Ihrem Hund haben Sie, doch vielseitige, neue Beschäftigungen werden dafür sorgen, dass Sie auch vor der Haustür extrem interessant für Ihren Hund bleiben. Doch auch einfach mal nur Spazierengehen und Seele baumeln lassen ist wichtig – finden Sie den goldenen Weg der Mitte für sich und Ihren Hund.

DAS IST *wirklich* WICHTIG

[a] ALLEIN AUSSER HAUS Falls Sie gute Freunde haben, die den Hund gerne in Pflege nehmen, sollten Sie ihn schon bald stundenweise zur Betreuung dort lassen. So lernt er, dass Sie immer wiederkommen und kann bald auch über Nacht bei anderen Menschen bleiben. Ein Hund, der unkompliziert bei netten Leuten untergebracht werden kann, wird Ihre Freiheiten als Hundehalter erweitern.

[b] FRÜHPRÄGUNG Wer ein Weltenbummler werden will, sollte schon als Welpe auf Reisen gehen. Damit ist kein Trip in die Südsee gemeint, am Anfang reicht es, über Nacht in ein Hotel zu fahren und so die gewohnte Routine hin und wieder zu unterbrechen.

FERIENZEIT
Mit Hund auf Reisen

Hunde wollen überall mit hin, auch in den Urlaub. Darin unterscheiden sie sich von allen anderen Haustieren, die eher häuslich veranlagt sind.

REISEVORBEREITUNG

Besonders Hunde, die schon als Welpen vielseitig sozialisiert wurden, haben mit langen Auto-, Schiffs- und Bahntouren wenig bis keine Probleme. Sogar Flugreisen kann ein gut trainierter Hund ertragen: Wenn wir ihn vor die Wahl stellen könnten, ob er lieber mit uns am Urlaubsort auf lange Wanderungen gehen oder es vorziehen würde, in einer Pension auf unsere Heimkehr zu warten – ich bin mir sicher: Die meisten Hunde würden die Beruhigungstablette am Flughafen sofort freiwillig schlucken und mitkommen. Also: Planen Sie Ihren Urlaub mit Hund – und erholen Sie sich gemeinsam. Geteilte Freude ist doppelte Freude. Bevor Sie die Koffer packen, sollten Sie jedoch ein paar Dinge bedenken:

- Für jedes Land gibt es andere Einreisebestimmungen. In den meisten Ländern der Europäischen Union reicht es aus, dass der Hund gechipt und aktuell geimpft ist (an Impf- und Chippass denken).
- Sprechen Sie vorsichtshalber mit Ihrem Tierarzt über das Reiseziel: In manchen Ländern (z. B. Großbritannien, skandinavische Länder) gelten besondere Gesetze.
- Bei Flugreisen empfiehlt es sich, die Details der Reisebedingungen mit der Fluggesellschaft genau abzusprechen. Für den Flug brauchen Sie eine ausreichend große Transportbox sowie Beruhigungstabletten, damit der Hund vom Lärm und Stress im Laderaum nicht allzu viel mitbekommt. Kleine Hunde, die um die fünf Kilogramm wiegen, dürfen sogar meistens mit in die Kabine.

HUNDEPENSIONEN

Wenn es doch eine Reise ohne Hund sein muss, sollten Sie vorsorgen und rechtzeitig nach einer guten Unterbringung suchen. Schließlich wollen Sie ohne schlechtes Gewissen Ihrem Hund gegenüber in die Ferien starten:

- Vielleicht haben Sie einen guten Freund, der den Hund nehmen könnte? Solche netten Menschen findet man umso schneller, je besser unser Hund erzogen ist.
- Nach einer guten Pension sollten Sie sich frühzeitig umsehen. Denn Ferienunterbringungen unterscheiden sich nicht nur im Tagespreis – es gibt riesige Qualitätsunterschiede unter den Anbietern. Fragen Sie zuerst in Ihrer Hundeschule, im örtlichen Tierschutzverein oder bei Ihrem Tierarzt nach einem Geheimtipp. Diese Anlaufstellen kennen mit Sicherheit die einzelnen Pensionen aus vielen Erfahrungsberichten und können Ihnen am besten sagen, wo Ihr Hund gut aufgehoben ist. Letztendlich zählt der persönliche Eindruck: Wie gehen die Menschen mit den Hunden um? Wie reagieren die Hunde auf ihre Betreuer? Haben sie Zugang zu geheizten, gut eingerichteten Innenräumen? Wirkt die Anlage sauber? Beschäftigen sich die Betreiber intensiv mit den Hunden? Gibt es harmonische Hundegruppenhaltung? Wenn Sie sich für eine Pension entschieden haben, dann trainieren Sie am besten das „dort Bleiben": Lassen Sie den Hund zunächst einen halben Tag, dann über Nacht und schließlich ein Wochenende dort. So lernt er: Hier ist es ganz nett und mein Mensch kommt immer wieder. Um den Hund brauchen Sie sich danach keine Sorgen mehr zu machen: Die meisten Hunde gewöhnen sich schnell in Pensionen ein und schätzen das Zusammenleben im Rudel mit Artgenossen. Auf diese Weise haben auch sie dann eine Art „Urlaub vom Alltag".

AKTIV MIT HUND
Walken, Radfahren und Co.

Hunde lieben es, sich mit uns zu bewegen. Deshalb brauchen Hundehalter keinen privaten Fitnesscoach oder Trainingsprogramm – wir können einfach nutzen, was die Natur und der Moment uns bieten.

WALKEN
Bei der Ausbildung braucht man am Anfang einen Helfer: Er muss den Hund locken und loben, wenn das Seil auf Spannung ist. Die erste Lektion lautet nämlich, dass hier erlaubt, was sonst verboten ist: den Menschen hinter sich herziehen. Doch keine Angst: Hunde lernen situationsbezogen und können das Anlegen des Geschirrs als Signal erkennen, was jetzt von ihnen verlangt wird. Führen Sie fürs Walken also Rituale wie das Umschnallen des Geschirrs und am besten auch ein spezielles Signal wie z. B. „Ziehen" ein. Die Leine wird beim Hund am Geschirr und beim Menschen als Jogginggurt um den Bauch geschnallt. Sobald der Hund motiviert zieht, können Sie die Distanzen langsam steigern – das Walken mit Hund unterstützt dabei besonders die Rumpfmuskulatur.

JOGGEN
Neueinsteiger sollten das Training langsam steigern: Am Anfang reicht ein Kurzlauf von ungefähr drei Minuten. Innerhalb der nächsten Wochen kann diese Zeit langsam auf bis zu 20 Minuten erhöht werden. Ganz fitte Hunde und Menschen halten dann irgendwann eine Stunde am Stück durch. Allerdings sollte der Hund eine gute Gelenkmuskulatur haben, die seine Knochen stützt (Aufbautraining z. B. über Schwimmen). Aufwärmen vor dem Lauf ist für Menschen genauso wichtig wie für Hunde. Nutzen Sie einfach die ersten Meter zum ruhigen Gehen. So kann auch der Hund sich erst in Ruhe lösen, bevor das Sportprogramm startet. Muss der Hund unterwegs dringend Markierungen auffrischen oder schnuppern, können Sie die Wartezeit mit Ausfallschritten zur Seite, Hacken und Knie hochziehen oder Dehnübungen überbrücken.

RADFAHREN
Hunde dürfen erst am Rad laufen, wenn die Wachstumsphase abgeschlossen ist und sie nicht an Arthrose leiden. Der Grund: Bei Junghunden ist der Knorpel noch weich und kann geschädigt werden, bei knochenkranken Hunden wird durchs Traben die Knorpelschutzschicht des Knochens weiter abgenutzt. Auch hier ist also eine stabilisierende Muskelmasse an den Gelenken wichtig, die am besten übers Schwimmen aufgebaut werden kann. Die Distanzen am Rad sollten wie beim Joggen schrittweise verlängert werden: Sie starten mit fünf Minuten und können auf Touren von bis zu einer Dreiviertelstunde gesteigert werden. Wenn Sie längere Radtouren planen, sollte der Hund an den Fahrradanhänger oder kleine Hunde an den Fahrradkorb gewöhnt werden, damit er sich zwischendurch ausruhen kann. Das geht ganz ähnlich wie beim Schubkarren-Training (siehe S. 101): Lassen Sie den Hund dort absitzen und schieben ein kurzes Stück. Dann loben Sie ihn und steigern von nun an täglich die Distanzen und Geschwindigkeit. Irgendwann wird jeder Hund die Fahrt mit Wind um die Ohren genießen.

SCHWIMMEN
Schwimmen ist ein gelenkschonender Sport und sehr effektiv für den Muskulaturaufbau. Ans Wasser gewöhnen wir den Hund langsam (siehe S. 82), irgendwann können wir dann gemeinsam entspannte Runden durch den Badeteich ziehen. Damit Ihnen der Hund dabei nicht den Rücken zerkratzt, sollten Sie ihm beibringen, neben statt hinter Ihnen zu schwimmen. Schieben Sie ihn einfach immer wieder an die gewünschte Schwimmposition und sagen Sie „Fuß". Diesen Begriff hat er bereits als „neben dem Menschen bleiben" gelernt, deshalb wird es ihm leichter fallen zu verstehen, was Sie möchten.

DAS IST
wirklich
WICHTIG

[a] SPAZIERENGEHEN Das Schlendern durch Stadt und Natur kann durch kleine „Events" wie ein Versteckspiel spannend und sportlich werden.

[b] GRAUE SCHNAUZEN Ein Fahrradanhänger ist gerade für ältere große Hunde oder für längere Fahrradtouren ideal. Kleinere Hunde fahren auch gerne in einem Fahrradkorb mit.

[c] GESUNDHEIT Arthrosepatienten dürfen nicht lange Strecken am Stück traben. Viel besser: häufig schwimmen gehen. Das baut gelenkstützende Muskelmasse schonend auf.

KIND & HUND
Dicke Freunde fürs Leben

HUND UND KIND, DAS KANN EIN TOLLES TEAM SEIN – WENN BEIDE SEITEN GELERNT HABEN, WIE MAN RICHTIG MITEINANDER UMGEHT. DENN NUR MIT EINER RESPEKTVOLLEN EINSTELLUNG ZUM HUND KANN IHR NACHWUCHS VON IHM VIEL WICHTIGES FÜRS LEBEN LERNEN UND DER HUND IM KIND EINEN FANTASTISCHEN FREUND FINDEN.

FREUNDE
Kinder brauchen Hunde

Immer noch werden manche Hunderassen von Züchtern als „kinderlieb" angepriesen. Eine gefährliche Werbung, denn Kinderliebe ist nicht angeboren. Sie ist immer das Ergebnis einer verantwortungsvollen Erziehung durch erwachsene Menschen.

MYTHOS KINDERLIEB

Die Plakette „kinderlieb" verleitet dazu, Hunde mit Erwartungen zu überfordern, denen sie ohne unsere Hilfe nicht gerecht werden. Aber auch Kinder brauchen im Umgang mit Hund Unterstützung. Die gute Nachricht: Nehmen wir als Eltern unsere Verantwortung, den Hund und das Kind ernst, kann die Freundschaft zum Hund die Kindesentwicklung positiv beeinflussen.

Hunde halten fit

Kinder haben heute viele Möglichkeiten, sich nicht zu bewegen: Playstation, Fernsehen, Facebook – die Zunahme an fantasiearmen, übergewichtigen Kindern ist erschreckend. Lebt ein Hund im Haus, kann er dieser Entwicklung entgegensteuern: Mit ihm müssen Kinder raus an die frische Luft gehen. Sie kommen in Kontakt mit anderen, „echten", Menschen, stärken durch die Freundschaft zum Tier ihr Selbstbewusstsein und können beim fröhlichen Spiel mit ihrem haarigen Freund ganz gehörig ins Schwitzen kommen.

Hunde machen krisensicher

Traurige Statistik: Die Scheidungsrate nimmt zu, immer mehr Kinder müssen mit einer Trennung ihrer Eltern leben. Lebt ein Hund im Haus, kann das viel Kinderleid abpuffern: Laut einer Untersuchung des Psychologischen Institutes der Universität Bonn überstehen diese Trennungskinder die Krise in ihrem Leben besser. Sie zeigen sich stabiler, haben weniger Verlustängste und erleben mehr Alltagsfreude.

Hunde machen glücklich

Der „Forschungskreis Heimtiere in der Gesellschaft" hat eine Studie in Auftrag gegeben, die untersuchen sollte, ob Haustiere tatsächlich zu einem positiven Lebensgefühl von Kindern beitragen. Dazu wurden Mütter befragt, was sich nach dem Einzug des Hundes im Verhalten der Kinder geändert hat. Die Aussagen waren eindeutig: Kinder werden fröhlicher, spielen öfter draußen, ältere Kinder bleiben ohne Angst allein zu Hause und sind allgemein selbstsicherer.

Hunde machen beliebt

Bei soziometrischen Tests schnitten Kinder mit Hund im Haus günstiger ab, das heißt, sie waren allgemein beliebte Klassenkameraden und hatten zusätzlich häufig das Amt des Schüler- oder Klassensprechers inne. Die Erklärung der Psychologen: Bei diesen Schülern war die Fähigkeit zur „nonverbalen Kommunikation" besonders gut ausgeprägt. Fazit: Wer gelernt hat, sich in die Zeichensprache eines Tieres einzufühlen, zeigt auch mehr soziale Kompetenz im Umgang mit Menschen.

Hunde machen gesund

Laut einer Studie des Deutschen Institutes für Wirtschaftsforschung aus dem Jahr 2004 haben Kinder, die mit Hund aufwachsen, seltener Allergien. Die Immunabwehr war besonders dann gestärkt, wenn Kinder schon als Babys Kontakt zu Hunden hatten. Zwei wichtige Gründe werden vermutet: Die Kids kommen mit mehr Keimen in Kontakt und sind ausgeglichener, weil sie sich viel bewegen und vom Hund verstanden fühlen.

Jugendliche sind weniger aggressiv

In der Pubertät verändert sich für Kinder die Welt, nur einer bleibt gleich: „Bruder Hund". Deshalb kann besonders er in dieser schwierigen Lebensphase wichtige Aufgaben übernehmen. Er ist immer neutral, bleibt in seiner Zuneigung konstant und sorgt durch seine innige Verbindung zu allen Familienmitgliedern für ein Zusammengehörigkeitsgefühl, das in dieser Zeit sonst oft leidet.

Hunde weiten den Horizont

Hunde halten uns nicht nur einen Spiegel vor und sorgen dafür, dass wir uns selber besser kennenlernen – über sie kommen wir auch täglich in Kontakt mit ganz unterschiedlichen Menschen. Dabei kann man eine Menge lernen, z. B. über den eigenen Tellerrand zu schauen. Das ist auch für Kinder äußerst spannend und lehrreich.

DAS IST *wirklich* WICHTIG

[a] KUSCHELZEIT Besonders in der Pubertät können Hunde Kindern Stabilität schenken.

[b] FAMILIENMITGLIEDER Das sind Hunde für Kinder und wirken als soziale Katalysatoren.

[c] HUNDE – FREUNDE FÜRS LEBEN Hunde können Kindern Liebe und Stärke geben.

ERWACHSENENREGELN
Was Eltern beachten sollten

Hunde können große positive Wirkungen für alle Familienmitglieder entfalten. Doch was müssen Eltern bei der Zusammenführung von Kind und Hund beachten?

FAMILIEN MIT KLEINKINDERN
Überlegen Sie gut, ob ein Hund in Ihren ohnehin schon sehr stressigen Alltag passt. Bedenken Sie: Ein Welpe ist wie ein kleines Baby. Wenn aus ihm der großartige Familienhund werden soll, von dem Sie träumen, erwartet Sie enorm viel Zeit- und Energieeinsatz, um Hund und Krabbelkind gerecht werden zu können. Eltern mit kleinen Kindern und wenig Hundeerfahrung sollten deshalb genau abwägen, ob sie dieser zusätzlichen Belastung gewachsen sind.

FAMILIEN MIT VIERJÄHRIGEN KINDERN
Wenn Kinder größer sind, werden sie verständiger und brauchen weniger Betreuung. Diese freigewordene Zeit können wir dann dem Welpen widmen. Aber rechnen Sie in diesem Alter auch mit Eifersucht: Das süße Hündchen wird für eine längere Zeit alle Aufmerksamkeit in Anspruch nehmen, alles, was er macht, ist irgendwie putzig, und sowieso dreht sich ab jetzt alles um ihn – das finden die wenigsten kleinen Kinder auf Dauer toll.

FAMILIEN MIT SCHULKINDERN
Besonders für Kinder ab ungefähr fünf bis sechs Jahre können Hunde ihr großes pädagogisches Potential entfalten. Mit dem Hund kann man aber nicht nur spielen, sondern auch gehörig wütend werden, wenn er z. B. gerade den neuen Fußball mit seinen Zähnen bearbeitet. Sobald Kind und Welpe gewachsen und vernünftiger geworden sind, ändert sich die Beziehung: Vom Konkurrenten und Spielkameraden wandelt sich der Hund zum vertrauten Freund und überparteilichen Tröster – in allen schwierigen Lebenslagen, die das Leben für unsere Kinder so bereithält.

FAMILIEN MIT JUGENDLICHEN
Pubertierende profitieren besonders von einem mitgewachsenen Freund auf vier Pfoten: Er kritisiert nicht, bleibt in seiner Zuneigung konstant, von ihm fühlen sie sich verstanden, er ist einfach immer da (siehe S. 140).

ELTERNREGELN
1. Babysitterdogs gibt es nicht. Hunde können zwar großartige Kumpels sein, aber niemals kostengünstige Kleinkindbetreuer. Wir dürfen sie mit Kindern nicht alleine lassen. Nur so können wir verhindern, dass ihm Erbsen in die Nase gesteckt und Tacker in die Ohren gejagt werden. Nebenbei lernt er, dass er sich auf uns verlassen kann: Er darf sich zwar nicht wehren (siehe S. 147), aber wir sind immer präsent und regeln das für ihn.
2. Eltern tragen Verantwortung. Für ein harmonisches Zusammenleben sind Erwachsene zuständig: Sie müssen alle Konflikte regeln. Deshalb greifen Sie sofort ein, wenn der Hund die Schminkpuppe Ihrer Tochter stolz durch die Gegend trägt, vertreiben Kinder aus dem Hundekorb und verbieten dem Welpen, in fliehende Hosenbeine zu beißen.
3. Eltern erziehen. Kinder und Hunde dürfen sich nicht gegenseitig zurechtweisen. Deshalb bringen wir Kindern vom ersten Tag an bei, dass sie zwar nach Hilfe rufen sollen, wenn der Welpe an Omas Perserteppich knabbert (siehe S. 38), aber ihn nicht daran hindern. Andersherum verbieten wir jeden Ansatz unseres Hundes, das Kind anzuknurren oder gar zu schnappen, sofort und deutlich (siehe S. 147).

KINDERREGELN
Damit die Freundschaft gelingt

Kinder sind oft sehr motiviert und wollen den Welpen miterziehen. Doch leider fehlt ihnen das nötige Wissen und oft auch Einfühlungsvermögen. Damit die kleinen Helfer nicht zu enttäuscht sind, stellen Sie lieber von Anfang an Regeln auf, die dem Kind genau zeigen, wobei Sie seine Unterstützung brauchen.

KINDERREGELN

Spielen erlaubt
Dabei müssen diese Spielregeln beachtet werden:
- Es muss immer ein Erwachsener anwesend sein, um notfalls eingreifen zu können.
- Das Spiel darf nicht zu wild werden. Zerrspiele sind für manche Hunde nicht geeignet, weil sie zu sehr „aufdrehen". Bahnt sich hier Kontrollverlust beim Hund an, muss das Spiel durch den Erwachsenen sofort abgebrochen werden.
- Der Welpe darf nicht zu stark in Hände beißen. Wenn das passiert, in hoher Tonlage quieken, bis der Welpe die Hand losgelassen hat (siehe S. 66).
- Auch gut: Das Spiel mit einem Spielzeug, an dem ein Seil zum Auswerfen und Wiedereinziehen befestigt wurde. So bleiben zarte Kinderhände immer schön weit weg von spitzen Welpenzähnen.
- Schärfen Sie Ihren Kindern ein, niemals im Spiel vor dem Hund wegzurennen. Das führt nur zu schmerzhaften, frustrierenden Erlebnissen für das Kind und artet beim Hund schnell in ein Rangordnungstestspiel aus (Umrempeln/Anspringen/Schnappen). Am besten geeignet sind für Kinder Spiele, in denen sie den Welpen jagen, z. B. wenn er eine „Beute" (Ball, Seil) ergattert hat. Ausgelassen zusammen toben macht Spaß und stärkt den Teamgeist.

Erziehen verboten
Kinder bis ungefähr zum 12. Lebensjahr dürfen den Hund nicht begrenzen. Richtig Grenzen ziehen ist eine schwierige Angelegenheit und muss mit Bedacht, viel Wissen und Einfühlungsvermögen ausgeführt werden (siehe S. 49). Damit sind Kinder meist noch überfordert.

Die Hundepolizei
Kinder sollen zwar nicht eingreifen, dürfen aber petzen, falls der Hund Hausregeln bricht. Die meisten Kinder finden das toll, fühlen sich wichtig und Sie können schnell reagieren, wenn der Welpe etwas anstellt.

Heiliger Hundeplatz
Zieht sich der Hund auf seinen Hundeplatz zurück, wird er in Ruhe gelassen. Das heißt: kein Schmusen, kein Spielen auf diesem Platz. Hundeplatz heißt dieser Ort, weil der Hund hier Hausrecht hat und Ihr Kind nicht.

Fress-Ritual
Beim Fressen wird der Hund nicht gestreichelt oder angesprochen – füttern Sie den Hund deshalb nur, wenn Sie im Raum sind. Allerdings darf das Kind das Fressen hinstellen – und unter Ihrer Aufsicht den Hund dann zum Futter schicken (siehe S. 41). So fühlt sich das Kind wichtig und der Hund lernt, dass alle Familienmitglieder sein Futter berühren dürfen.

Besucherkinder
Wenn Nachbarskinder mit unseren eigenen Kindern toben, fühlt sich der Hund oft dazu bestimmt, die eigenen Rudelmitglieder zu unterstützen – indem er z. B. die fremden Kinder „zwickt". Lassen Sie das nicht zu, sondern verbieten Sie es dem Welpen von Anfang an konsequent. Versuchen Sie zu verhindern, dass der Hund mit einem Haufen Kinder unbeaufsichtigt bleibt. In der Gruppe kommen Kinder oft auf die wildesten Ideen.

FAMILIENKONFERENZ
Veranstalten Sie vor dem Einzug des Welpen die erste und dann immer wieder neue Familienkonferenzen. Sprechen Sie darüber, wie der kleine Hund den Alltag durcheinanderwirbelt, was in der Erziehung noch nicht optimal läuft und wie man es besser machen könnte. Nehmen Sie Sorgen ernst: Vielleicht zeigt ein Kind Angst vor bestimmten Situationen mit dem kleinen, wilden Hund? Überlegen Sie gemeinsam, wie man diese Probleme löst, und erklären Sie, warum sich Hunde in bestimmten Momenten so oder so verhalten. Dadurch fühlen sich Kinder ernst genommen und es wird deutlich: Der Hund ist ein Gemeinschaftsprojekt und die Mitarbeit von allen ist hier wichtig. Schöner Nebeneffekt: Der Familienzusammenhalt kann ganz neue Energien bekommen.

HUNDEREGELN
Das müssen Hunde einhalten

Auch der Hund muss genau gezeigt bekommen, was im Umgang mit Kind erlaubt und was verboten ist. Die wichtigste Lektion für ihn dabei lautet: Sie sind immer da und regeln Probleme.

SCHNAPPEN VERBOTEN

Hunde dürfen Kinder nicht anknurren oder nach ihnen schnappen. Sollte der Hund das Kind einmal anknurren, reagieren Sie augenblicklich: Erteilen Sie einen klaren Platzverweis. Aber vergessen Sie anschließend nicht, Ihrem Kind zu erklären, warum der Hund geknurrt hat: Vielleicht wollte es ihm einen Knochen oder ein Spielzeug wegnehmen? Das darf es nicht! Beschreiben Sie ruhig, dass dabei Verletzungsgefahr droht, weil Hunde in solchen Situationen untereinander über Knurren bis hin zu Drohschnappen kommunizieren. Kurz: Maßregeln Sie erst sofort im entscheidenden Moment den Hund – und dann das Kind. Wenn der Hund von Welpenbeinen an lernt, dass Sie die Erziehung des Kindes voll und ganz – und gerecht – im Griff haben, wird er sich in Zukunft ausgeglichener mit dem Menschennachwuchs benehmen.

Zum Lernprogramm eines Familienhundes gehört auch, dass er sich überall anfassen lassen muss. Er hat ja erfahren, dass Sie aufpassen und das Kind zurechtweisen, falls es sich ungeschickt oder absichtlich unfair verhalten hat. Der Hund weiß: Das Kind ist Ihr allergrößtes Heiligtum, ihm darf nichts passieren und er darf es nicht erziehen. Das ist nur Ihnen überlassen.

HUNDE BEOBACHTEN

Mit Kindern kann man wunderbar Verhaltenskunde studieren: Auf gemeinsamen Spaziergängen kann man den Hund in Interaktion mit seinen Hundefreunden beobachten. Beschreiben Sie dem Kind das Hundeverhalten. Es lernt dabei viel über Hunde- und auch unser eigenes Verhalten. Denn wir lachen besonders deshalb gerne über Hunde, weil sie uns immer auch ein bisschen den Spiegel vorhalten und uns an uns selber erinnern – unsere Verfehlungen, Missgeschicke und Sehnsüchte. Nutzen Sie dieses Beobachtungstraining für sich und Ihr Kind: Denn durch diese Beobachtungen mit Wiedererkennungswert können Kinder ihr Einfühlungsvermögen für alle sozialen Situationen im Leben fantastisch schulen und erkennen, wie ähnlich wir unseren Freunden auf vier Pfoten in vielen Dingen sind.

KIND-HUND-KURSE

Viele Hundeschulen bieten extra Kurse nur für Kinder (ab ca. acht Jahre) und ihre Hunde an. Hier lernen beide, respektvoll und stressfrei miteinander umzugehen. Es wird gezeigt, wie man richtig mit Hunden spielt und ihnen kleine Kunststückchen beibringt. Informieren Sie sich bei Ihren örtlichen Hundevereinen/Hundeschulen.

DAS SCHNAPP-VERBOT Auf diese Grundhaltung des Hundes dürfen Sie sich natürlich niemals verlassen: Sie gilt im Zweifelsfall nur, solange Sie sich im gleichen Raum aufhalten. Versuchen Sie Unfällen oder schlechten Erlebnissen unbedingt vorzubeugen, indem Sie Kind und Hund niemals unbeaufsichtigt lassen.

GRAUE SCHNAUZEN

Verstehen ohne Worte

WENN ERSTE GRAUE HAARE DIE SCHNAUZE ZIEREN, RÜCKT DIE ERKENNTNIS NÄHER, DASS UNSER HUND SEINE BESTEN JAHRE ERREICHT HAT. DOCH DIE ZEIT MIT HUNDESENIOR IST FÜR SO MANCHE VON UNS DIE SCHÖNSTE PHASE IM HUNDELEBEN. WIR KÖNNEN VIELES GELASSEN ANGEHEN, AUGENBLICKE UND GEWACHSENE VERTRAUTHEIT GENIESSEN. FREUEN SIE SICH AUF VIELE SCHÖNE MOMENTE.

GRAUE SCHNAUZEN

LEBENSABSCHNITT
Vom Alltag mit den Senioren

Ein älter werdender Hund erinnert uns daran, dass mit seinem auch das Ende einer Lebensphase naht: Alle Veränderungen, Umzüge, Abschiede, Wiedersehen, Glücksmomente eines Jahrzehnts sind untrennbar mit ihm verbunden – er war immer dabei.

EINE ZEIT DER VERTRAUTHEIT
Hunde teilen unser Leben in Abschnitte – sie sind „Lebensbegleiter", die eine verlässliche Konstante bilden in einer sich ständig verändernden Lebenswelt. Ihre Freundschaft und Liebe beruhigt in wilden Zeiten, wir teilen mit ihnen die schönen und traurigen Momente unseres Lebens. Unnötig zu erwähnen, dass mit der wachsenden Vertrautheit klärende Worte mit den Jahren überflüssig werden: Ein Blick, ein Zeichen – man versteht sich. Im Haus mit Senioren geht es deshalb ruhig und routiniert zu.

RUHE IST TRUMPF
Ähnlich wie Welpen wollen auch alte Hunde wieder viel schlafen. Sorgen Sie deshalb jetzt mehr denn je dafür, dass er einen ruhigen Schlafplatz hat. Trubel im Haus ist ihnen deshalb ein Graus – ganz besonders, wenn Welpen zu Besuch kommen. Kleine Hundekinder sind meist enorm aufgeregt beim Anblick eines alten Artgenossen und können sich nicht vorstellen, dass irgendwer nicht stundenlang mit ihnen spielen möchte. Je nach Temperament werden die Hundeopas und -omas den Nachwuchs deshalb energisch zurechtweisen – oder sich großherzig den Attacken der kleinen Nervensägen hingeben. Wenn der Besuch endlich das Haus verlässt und langsam wieder die gewohnte Ruhe einkehrt, kann man schon mal einen erlösenden Seufzer aus dem Hundekorb hören.

SONDERSTELLUNG WAHREN
Überlegen Sie deshalb gut, ob Sie sich zum alten jetzt schon einen jungen Hund dazuholen. Viele Menschen tun das, weil sie meinen, damit dem Senior eine Freude zu bereiten und sich selber den Abschied zu erleichtern. Doch die wenigsten Alten schätzen die süße, kleine, tapsige Konkurrenz: Ein putziger Welpe wird alle Aufmerksamkeit auf sich ziehen. Die Alten aber genießen die vertraute Zweisamkeit mit Ihnen – die damit ein jähes Ende fände. Dazu kommt, dass der Abschied vom Hund immer enorm schmerzhaft ist – ganz egal, wie viele Hunde Sie haben. Ein Freund stirbt – dafür gibt es keinen Ersatz.

RITUALE GEBEN SICHERHEIT
Bleiben Sie bei Ihrem bewährten Alltag, denn alte Hunde lieben die Gewohnheit. Wenn alles seinen geregelten Ablauf hat, sind sie am glücklichsten. Außerdem helfen bekannte Abläufe dabei, sich zu orientieren – denn hin und wieder kommt es vor, dass alte Hunde eine Art „Demenz" entwickeln. Aber die meisten Hunde werden einfach ruhiger, beobachten ihre Menschen bei den täglichen Verpflichtungen und fühlen sich als fester Bestandteil der Familie. Ihre Aufgabe ist jetzt nicht mehr die fröhliche Unterhaltung, sondern sie bilden nun vielmehr den Ruhepol, eine Oase der Gemütlichkeit, zu der man sich gerne hinunterbeugt, übers Fell streichelt und neue Energien tankt.

NARRENFREIHEIT DER ALTEN
Manche Hundesenioren entwickeln ganz neue Sitten: Sie liegen plötzlich wie selbstverständlich auf Sofas oder Betten, die ein Leben lang tabu waren – und schauen uns dabei noch nicht einmal schuldbewusst an. Als hätten sie ab heute „verbriefte Rechte", die ihnen aufgrund ihres gehobenen Alters zustünden. Hundehalter neigen dazu, diese Regelbrüche milde zu belächeln – und verstärken dadurch natürlich die Tendenz des alten Hundes, seine neu gewonnene „Narrenfreiheit" auch auf andere Bereiche auszudehnen. Aber aufgepasst: Unterschätzen Sie Ihren alten Hund nicht. Vieles, was er sich plötzlich „herausnimmt", tut er nur, weil er eine neue Nachsicht bei uns wahrnimmt – und die nutzt er natürlich gerne aus. Es gibt auch Senioren, die zeigen sich in dieser Lebensphase sehr erfinderisch und entwickeln selbstständig Zeichen, um sich ihren Menschen mitzuteilen: So gehen einige Hundeherrschaften z. B. mit der Dauer eines Spazierganges immer langsamer und setzen sich schließlich hin – um ihrem Menschen damit deutlich zu zeigen, dass es Zeit für den Heimweg ist. Oder verweigern das Verlassen des Hauses bei strömendem Regen, indem sie direkt zurück auf ihren Platz marschieren. Das ist eine ganz neue Erfahrung für ihre Menschen, denn bislang hat Lernen hauptsächlich in die andere Richtung funktioniert. Jetzt überlegt sich der Hund eigene, neue Zeichen, um uns mitzuteilen, was er will.

GRAUE SCHNAUZEN

LANGES LEBEN
So kann Ihr Hund in Würde alt werden

Lange Radtouren sollten jetzt seltener werden, dafür nehmen wir uns mehr Zeit für ruhige Spaziergänge mit guten Freunden. All das verschönert dem alten Hund seinen Alltag und bereitet viel Freude.

LEBENSERWARTUNG

Ganz allgemein gilt: Die biologische Lebenserwartung ist von der Rasse und Größe eines Hundes abhängig. So haben z. B. große Hunde (im Allgemeinen über 45 kg) eine niedrigere Lebenserwartung als mittlere und diese wiederum eine niedrigere als kleine Hunde. Doch diese genetische und körperliche Grundverfassung kann durch unterschiedliche Umwelteinflüsse vollkommen auf den Kopf gestellt werden. Generell gilt für ein ganzes Hundeleben: Wem stets viel geistige Anregung und Anerkennung durch die Familie und genügend Bewegung zuteil und wer ausgewogen ernährt wurde, der hat gute Chancen, glücklich und gesund sehr alt zu werden. Leider hören viele Menschen mit den Hundejahren auf, dem alten Freund neue Herausforderungen zu stellen. Dabei kann das die grauen Zellen jung und frisch halten.

STATISTISCHES ALTER VON HUNDEN Auch ein Hund ist nur so alt, wie er sich fühlt. Aber Jahreszahlen können uns eine Orientierung geben, ab wann unser Hund (zumindest offiziell) zum alten Eisen zählt:
- Hunde bis 10 Kilogramm ab 10 Jahre
- mittelgroße Hunde (10 bis 25 Kilogramm) ab acht Jahre
- große Hunde (26 bis über 45 Kilogramm) ab sechs Jahre

ALTER IST KEINE KRANKHEIT

Der Körper einer jeden Art hat eine Lebenserwartung, die in den Genen festgelegt ist. Beim Menschen beträgt sie maximal 120, beim Hund 21 Jahre. Gegen Ende der vorgeschriebenen Zeit verlangsamen oder stoppen Körperzellen nach und nach ihre Teilung. So wird die Alterung mehr und mehr sicht- und auch fühlbar. In der Folge lernt der alte Hund nicht mehr so schnell, ergraut im Gesicht und sein Hör- und Riechsinn wird schlechter. Doch diese Veränderungen bedeuten nicht, dass der Spaß am Leben vorbei sein muss. Mit diesen Tipps können Sie Ihrem Senior dabei helfen, noch lange fit und fröhlich zu bleiben.

Bewegung für Körper & Geist

Renn-, Kletter- und Fangspiele können wir mit steigendem Alter unseres Hundes langsam weniger werden lassen. Spaziergänge reichen ihm jetzt aus, aber diese können wir abwechslungsreich gestalten: Lassen Sie ihn mal abseits der Wege das Dickicht erkunden. Verschiedene Untergründe unter den Pfoten regen die Sinne an, über niedrige Baumstämme balancieren ist gut fürs Gleichgewicht und trainiert Muskeln auf sanfte Weise. Im Kopf bleibt der alte Kerl fit, wenn wir weiter „Sachensucher" (siehe S. 131) oder „Finderlohn" (S. 132) mit ihm spielen. Auch gut: Verstecken Sie auf dem Hinweg ein Spielzeug und fordern Sie ihn auf dem Rückweg auf, es zu suchen. Klappt das gut, kann er auch erst am nächsten Tag zum Suchen nach dem Spielzeug geschickt werden. Das hält das Erinnerungsvermögen auf Trab.

Alte Freunde treffen

Hundesenioren pflegen gerne Freundschaften zu Kumpels aus alten Zeiten. Versuchen Sie, vertraute Hunde auf der Hundewiese zu treffen. Und schützen Sie Ihren alten Hund vor jungen Rüpeln, falls er sich im Kontakt mit ihnen hilflos zeigt. Lassen Sie auch neue Freundschaften zu – manchmal wirkt ein Junghund wie ein Jungbrunnen und verführt den Alten zu einer fröhlichen Rennerei.

Zeit für Innigkeit

Alte Hunde genießen Nähe und Zärtlichkeit zu uns genauso wie zu alten Hundekumpels. Gemeinsam mit altem Hund im Arm auf dem Rasen in der Sonne liegen und dösen macht viel mehr Spaß als im Liegestuhl. Zudem sorgt viel Innigkeit für die Ausschüttung des Glückshormons „Oxytocin" und Glücklichsein stärkt das Immunsystem.

Check-up einplanen

Gehen Sie ab jetzt mindestens einmal im Jahr zum Senioren-Check-up. So können Sie körperliche Veränderungen schneller wahrnehmen und entsprechend darauf reagieren – z. B. für Hunde mit Arthrose in den Gelenken durch ein gelenkstabilisierendes Muskelaufbautraining durch Schwimmen oder der rechtzeitigen Umstellung auf spezielle Seniorennahrung.

ALTERSANZEICHEN
Symptome des Alterns erkennen

Ähnlich wie bei uns Menschen gibt es auch bei Hunden ganz typische Alterszeichen. Dass Ihr Hund langsam älter wird, erkennen Sie an folgenden Symptomen.

GRAUE HAARE
Gene bestimmen, wann Haare ergrauen – ein Hinweis auf körperlichen Verfall ist farbloses Fell aber meist nicht. Daher kommt es, dass ein vollkommen ergrauter Hund noch fit sein kann, während ein optisch junger Hund kaum noch aufstehen kann.

ZAHNPROBLEME
Zuerst kommt der Zahnstein, der das Zahnfleisch zurückdrängt, dann die Entzündung durch Bakterien, die sich hier gut ansiedeln können. Die Folge sind Schmerzen durch freiliegende Zahnhälse und eine große Gefahr fürs Herz, denn die Bakterien können aus der Mundhöhle zu den Herzklappen gelangen und dort eine tödliche Infektion auslösen. Besonders kleinwüchsige Hunde mit kurzen Schnauzen sind von Zahnstein betroffen, weil bei ihnen die Zähne oft sehr eng stehen. Hier hilft eine Zahnsteinentfernung beim Tierarzt und anschließend gutes Putzen mit speziellen Hundezahnbürsten.

STEIFER GANG, HUMPELN NACH DEM AUFSTEHEN
Schmerzende Gelenke können durch spezielle Zusätze im Seniorenfutter wieder mehr Schwung bekommen. In entsprechenden Futtersorten finden sich häufig gelenkwirksame Substanzen wie entzündungshemmende Omega-3-Fettsäuren, Chondroitinsulfat oder Glukosamin. Auch gut: ein schonendes Muskelaufbautraining, das die Gelenke stabilisiert, z. B. im Sommer durch viel Schwimmen im See oder im Wasserbad beim Tier-Physiotherapeuten.

„VERGESSLICHKEIT"
An der Entstehung mancher „Marotten" sind wir aber unschuldig: Viele Hundesenioren leiden an Vergesslichkeit und scheinen sich an früher Gelerntes tatsächlich nicht mehr zu erinnern – sie haben es schlicht „vergessen". Dagegen ist leider kein wirklich wirksames Mittel gewachsen. Aber wir können das Hundegehirn auf Trab halten, indem wir auch dem Senior noch neuen Lernstoff bieten (siehe S. 153). Doch sollten wir als Lehrer hier viel Milde walten lassen: Manche Hunde verweigern neue Trainingseinheiten gänzlich oder brauchen deutlich länger als früher, um zu durchschauen, was wir ihnen beibringen wollen. Was Sie hier also unbedingt brauchen, ist große Geduld.

Alzheimer bei Hunden
Eine weitere Steigerung der Vergesslichkeit ist das sogenannte „cognitive dysfunktions – Syndrom", kurz „CDS". Dieses Krankheitsbild entspricht in etwa dem des Alzheimers bei Menschen. Bei beiden Erkrankungen kommt es sowohl zu Veränderungen im Gehirn als auch im Verhalten. Im Extremfall erkennen die betroffenen Hunde ihre alten Hundekumpels, schließlich sogar ihre Menschen nicht mehr wieder, verlaufen sich in der eigenen Wohnung und vergessen, wo der Futternapf steht. Helfen Sie Ihrem Hund, indem Sie ihm Ihre große Liebe zeigen und gewohnte Rituale pflegen.

DIE RICHTIGE ERNÄHRUNG Wenn Hunde älter werden, ändert sich ihr Energiebedarf – viele von ihnen werden pummelig, einige klapperdürr. Das ist nicht gut, denn mehr Gewicht belastet die ohnehin schon schwächer werdenden Gelenke, zu wenig spricht für eine Unterversorgung, und das öffnet Krankheiten die Tür. Das Problem: Wenn sich Hunde weniger bewegen, bauen sie Muskelmasse ab und verwerten Kalorien nicht mehr, gleichzeitig verändern sich Stoffwechselfunktionen. Je nach Größe, körperlicher Konstitution und Veranlagung brauchen Senioren also unterschiedlich viele Kalorien und Nährstoffe am Tag. Informieren Sie sich bei Ihrem Tierarzt, welche Ursachen für die körperlichen Veränderungen in Frage kommen und welches Futter jetzt helfen könnte.

DAS IST *wirklich* WICHTIG

[a] RITUALE BEIBEHALTEN Gewohnheiten helfen dem alten Hund wie in Welpenzeiten, sich im Alltag zu orientieren. Feste Strukturen schaffen Sicherheit und Vertrautheit.

[b] FÖRDERPROGRAMM Hören Sie nicht auf, Ihren Senior zu beschäftigen. Auch er braucht Anerkennung für Arbeit, selbst wenn sie unter seinen früheren Leistungen liegt. Das gibt ihm das Gefühl, weiter gebraucht zu werden.

ABSCHIED
Umgang mit Verlust und Trauer

Irgendwann ist der schwere Moment gekommen und wir müssen uns von unserem alten Freund verabschieden. Jetzt sind wir als verantwortungsvolle Hundehalter gefragt, die – meist gegen ihr Gefühl – entscheiden müssen, wann der richtige Zeitpunkt für ein würdevolles Ende gekommen ist.

Die wenigsten Hunde schlafen sanft ein – bei den meisten müssen wir festlegen, wann unser Hund zu sehr leidet. Einen Abschied auf diese Weise selbst in die Hand zu nehmen, ist ein schwerer Schritt und doch der letzte Freundschaftsdienst, den wir ihm erweisen können. Die erlösende Spritze zu bestellen, mag der schwierigste Telefonanruf unseres Lebens sein und uns zunächst wie ein Verrat erscheinen. Doch machen Sie sich klar: Ohne unsere fürsorgliche Pflege, unsere Liebe und Anerkennung wäre unser guter Freund niemals so glücklich alt geworden.

WÜRDEVOLL ABSCHIED NEHMEN

Sie können das Ableben für den Hund erleichtern, wenn Sie den Tierarzt ins Haus kommen lassen. Die meisten Hunde fürchten Tierarztpraxen. Und der letzte Atemzug sollte in der vertrauten Umgebung, mit dem ihm wichtigen Menschen erfolgen. Wenn Sie den Besuch gut absprechen und das Finanzielle im Vorfeld regeln, wird der Tierarzt nur kurz erscheinen, die Spritze geben, und wieder aus dem Haus gehen. So können Sie ungestört Abschied nehmen und der Hund hat als letztes Bild von dieser Welt nur Sie – und nicht den weißen Arztkittel und die Praxis – vor Augen.

ERINNERUNGEN

Machen Sie sich immer wieder klar, wie gut Sie es hatten, dass dieser Hund Ihr Leben geteilt und bereichert hat. Lassen Sie Trauer zu, aber versuchen Sie gleichzeitig zu vermeiden, dass sie jede Lebensfreude erstickt: Denken Sie an all die schönen Erlebnisse mit Ihrem Hund. Danken Sie ihm für all die Bereicherung und Liebe, die er Ihnen schenken konnte. Freuen Sie sich über all die Jahre, die Sie in Begleitung dieses wunderbaren Freundes verbringen konnten.

BESTATTUNG

In Deutschland dürfen Sie den Hund auf dem eigenen Grundstück beerdigen, wenn Sie dabei eine maximale Tiefe von einem bis zwei Metern nicht unterschreiten. In der Schweiz ist das Begraben eines Hundes verboten. In vielen Städten gibt es mittlerweile Tierfriedhöfe und Tierkrematorien: Hier bekommen Sie die Asche Ihres Tieres und können Sie an einem persönlichen Ort aufbewahren oder ausstreuen. Auf dem Tierfriedhof bekommen Sie eine eigene Grabstelle mit Gedenkstein. Informieren Sie sich über die Gemeinde/den örtlichen Tierschutzverein. Auch Ihr Tierarzt berät Sie in all den Fragen des Abschiednehmens gerne und hilft mit Adressen von Tierbestattern.

NEUANFANG

Menschen trauern auf ganz unterschiedliche Weise um ihren Hund: Manche schaffen sich niemals wieder einen Nachfolger an, weil sie diesen einen, einzigartigen Kerl so sehr vermissen. Andere machen sich schon am nächsten Tag auf die Suche nach einem neuen vierbeinigen Freund – um sich von dem Verlust abzulenken und weil sie sich ein Leben ohne Hundebegleitung einfach nicht vorstellen können. Wieder andere bemerken nach einem längeren Zeitraum der Trauer, dass sie die Anwesenheit eines Hundes vermissen.

Gönnen Sie sich ein wenig Bedenkzeit, bevor Sie die ersten Schritte zum neuen Hund tun. Bitte beachten Sie: Ab jetzt gehören Sie zu den erfahrenen Hundehaltern. Und in vielen Tierheimen (siehe S. 30) warten großartige Hundeseelen auf eine zweite Chance – vielleicht mit Ihnen? Wie auch immer Sie mit der Trauer um den Verlust Ihres geschätzten Freundes umgehen: Gehen Sie Ihren eigenen Weg. Und versuchen Sie sich freizumachen von der Bewertung dritter. Menschen ohne Hund können nicht nachvollziehen, wie tief die Freundschaft zu einem Hund werden kann. Dieser Hund war ein einzigartiger Freund und Lebensbegleiter, und dies ist Ihre ganz persönliche Art, diesen großen Verlust zu ertragen.

SERVICE

ZUM WEITERLESEN
(Bücher aus dem Kosmos-Verlag)

AUSWAHL UND WELPE

Hier finden Sie Infos zu den einzelnen Rassen und ihren Eigenschaften, sowie alles über die Auswahl, Haltung und Erziehung von Welpen.

Führmann, Petra; Iris Franzke und Nicole Hoefs: **Die Kosmos-Welpenschule.** Mit DVD.

Grewe, Michael und Inez Meyer: **Hoffnung auf Freundschaft.** Das erste Jahr des Hundes.

Krämer, Eva-Maria: **Der große Kosmos-Hundeführer.**

Lübbe-Scheuermann, Perdita und Frauke Loup: **Unser Welpe.**

ERZIEHUNG UND BESCHÄFTIGUNG

Hunde lernen ihr Leben lang und haben viel Freude an gemeinsamer Beschäftigung. Ob Tricks, Spiele oder eine Prüfungsvorbereitung – hier gibt es Anleitung, die leicht umzusetzen ist.

Metz, Gabriele und Esther Schalke: **Hundeführerschein und Sachkundenachweis.**

Doepp, Simone und Gabriele Metz: **Trick Dogs.** Coole Kunststücke für pfiffige Hunde.

Führmann, Petra; Iris Franzke und Nicole Hoefs: **Das große Kosmos Spielebuch für Hunde.**

Schenten, Jutta: **Entspannt durch die Flegelzeit.** Wenn Hunde erwachsen werden.

VERHALTEN VERSTEHEN

Ob Zuhause, auf der Hundewiese oder beim Training: Eine gemeinsame Sprache ist Voraussetzung für gelungene Kommunikation. Tauchen Sie ein in die spannende Welt der Hundesprache.

Bloch, Günther und Elli H. Radinger: **Wölfisch für Hundehalter:** Von Alpha, Dominanz und anderen populären Irrtümern.

Feddersen-Petersen, Dorit: **Ausdrucksverhalten beim Hund:** Mimik, Körpersprache, Kommunikation und Verständigung.

Gansloßer, Udo und Kate Kitchenham: **Forschung trifft Hund.**

Käufer, Mechthild: **Spielverhalten bei Hunden:** Spielformen und -typen. Kommunikation und Körpersprache.

ERNÄHRUNG UND GESUNDHEIT

Erfahren Sie mehr über die Fütterung von Hunden, oder wie man ihre Gesundheit fördern kann. Auch bei Krankheit finden Sie hier kompetenten Rat.

Achner, Heike: **Hausapotheke für Hunde.** Die besten Heilmittel zur Selbstbehandlung.

Bucksch, Martin: **Ernährungsratgeber für Hunde.** Hunde richtig füttern.

Rakow, Barbara: **Homöopathie für Hunde.**

Rauth-Widmann, Brigitte: **1 x 1 der Rohfütterung.**

Rustige, Barbara: **Hundekrankheiten.** Vorsorge, Diagnose, Behandlung.

ADRESSEN

ERNÄHRUNGSBERATUNG FÜR BARFER & SELBERKOCHER

Institut für Tierernährung
Freie Universität Berlin
Königin-Luise-Str. 49
14195 Berlin
tierernaehrung@vetmed.fu-berlin.de

Ludwig-Maximilians Universität München
Ernährungsberatung für Hunde und Katzen.
Veterinärwissenschaftliches Department,
Lehrstuhl für Tierernährung und Diätetik
Schönleutnerstraße 8
85764 Oberschleißheim
ernaehrungsberatung@tiph.vetmed.uni-muenchen.de

HUNDEVERBÄNDE

Deutschland
Verband für das Deutsche Hundewesen e. V. (VDH)
Postfach 104154
Westfalendamm 174
44141 Dortmund
www.vdh.de

Österreich
Österreichischer Kynologenverband (ÖKV)
Siegried Markus Straße 7
2362 Biedermannsdorf
www.oekv.at

Schweiz
Schweizerische Kynologische Gesellschaft SKG
Brunnmattstraße 24
Postfach 8276
3001 Bern
www.skg.ch

REGISTER

A
Abbruchsignale 128
Abgabehunde 31
Abholen, Welpe 45
Ablegen,
	aus der Bewegung 114
Ablenkung 61, 62, 74, 84
Abschied 157
Absetzen,
	aus der Bewegung 114
Aggression 35, 108, 128
Alleinbleiben 98
Alterssymptome 154
An die Seite 120
Angstbeißer 29
Anspringen 94
Applaus 61
Apportieren 119, 132
Apportierhunde 20
Ausgeben 65
Auswahl, Welpen 26
Autofahren 70, 97

B
Baderegeln 82
Bahn 97
Begleithunde-
	prüfung 127
Begrüßung 95
Beißhemmung 66
Belohnung 46, 63
Beruhigungssignale 128
Beschäftigung 119 f., 132
Beschwichtigungs-
	signale 128
Bestechen 55
Bleib 74
Blickkontakt 54, 87
Busfahren 97

C
Charaktere, Welpen 26

D
Dachshunde 20
Domestikation 10
Dosenfutter 42
Down 73
Dummies 119

E
Elternregeln 143
Elterntiere 19
Ernährung,
	ausgewogene 42
Erziehung, Welpe 38

F
Familienkonferenz 144
Familienstruktur 14
Ferien 135
Flöhe 81
Fressplatz 45
Fressrituale 41
Freundschaft,
	Kind – Hund 140
Fundhunde 31
Fußlaufen 77
Futter, Welpe 41
Futterrangordnung 41
Futterzeiten 41

G
Geschirr 38, 69, 112
Gesellschaftshunde 21
Gesundheit 24, 81
Grenzen setzen 49

H
Halsband 38, 69
Hepatitis Contagiosa
	Canis 81
Herdenschutzhunde 20
Herkommen 112
Herkommen, Junghund 62
Herkommen, Welpe 61
Hier 100
Hinlegen 73
Hinsetzen 70
Hormone 104
Hunde, fremde 89
Hundeeltern 50
Hundeführerschein 127
Hundepension 135
Hunderegeln 147
Hundeschulen-Test 89
Hundesport 132
Hündin 35
Hütehunde 20

I
Impfung 81
Imponierverhalten 128

J
Jagdhunde 20
Jagdverhalten 94, 108
Joggen 136
Jogger 94
Junghund 104, 111

K
Kastration 107
Kauknochen 38
Kinder 140
Kinder, fremde 86
Kinderlieb 140
Kinderregeln 144
Kinderstube 23
Komm 61 f., 112 ff.
Komm, Pfeife 116
Kommunikation 10
Konfliktmanagement 128
Körperpflege 78
Körpersprache 10

L
Lauf 73, 76
Laufhunde 21
Läufigkeit 35
Lebenserwartung 153
Leckerchen 46, 77
Leine 38, 69
Leptospirose 81
Lob 46, 54
Loben 55

M
Menschen, fremde 86
Mischling 25
Mobbing 128
Motivation 46
Motivationsverstärker 54, 61

O
Orientierung 13, 48
Oxytocin 14

P
Parasiten 81
Parvovirose 81
Persönlichkeit 10, 29
Pfeife 116
Platz 73
Platz, Handzeichen 115
Pubertät 104

R
Radfahren 136
Rangordnung 108
Rassehund 22
Raus da 120
Regeln 49
Regeln, Eltern 143
Regeln, Erziehung 58
Regeln, Hund 147
Regeln, Kinder 144
Regeln, Soziale 88
Respekt 13
Restaurant 93
Rituale, Senior 150
Rohfütterung 42
Rüber 120
Rüde 35
Ruhephasen 53, 93

S
Schlafplatz 45, 53
Schleppleine 69, 112
Schnappen 147
Schnauzenzärtlichkeit 67
Schwimmen 82, 136
Selberkochen 42
Selbstbewusstsein 101
Senioren 150
Senioren-Check 153
Sichtzeichen, Sitz 71
Signale, auf Distanz 115
Sitz 70
Sitz, Handzeichen 115
Sitz, Pfeife 116
Sozialisierung 85
Sozialverhalten 89
Spiel 46, 51, 108, 132
Spielzeug 38
Stadt 93
Stadtknigge 91
Staupe 81
Stöberhunde 20
Strategie, soziale 108
Stubenreinheit 53, 57

T
Terrier 21
Tierarzt 78
Tierheim 30
Tierheimhund, 10 Tipps 32
Tollwut 81
Transportbox 53
Trauer 157
Tricks, Welpen 101
Tricktraining 124, 131
Trockenfutter 42

U
Überforderung 84
Übung beenden 73
Urlaub 135
Urtyp, Hunde vom 21

V
Verhundlichung 13
Voraus 120

W
Wachhunde 20
Walken 136
Welpen, gesunde 25
Welpengruppe 89
Welpenschutz 85
Welpentest 29
Windhunde 21
Würmer 81

Z
Zahnprobleme 154
Zecken 81
Zeitfaktor 13
Züchter 19, 22

AKTEURE   IMPRESSUM

Kate Kitchenham studierte Kulturanthropologie und Zoologie mit dem Schwerpunkt Verhaltensforschung in Hamburg. Neben dem Studium arbeitete sie im Hamburger Tierheim und in den Semesterferien in verschiedenen Redaktionen. Heute bearbeitet sie für Fachzeitschriften wie „DOGS"/Gruner & Jahr (dogs-magazin.de) als Expertin wissenschaftliche Themen aus den Bereichen Verhaltensforschung, Zucht, Erziehung und Tiermedizin. Bei der Darstellung aktueller Forschungen und Trends arbeitet sie mit namhaften internationalen Wissenschaftlern, Feldforschern, Hundetrainern und Tierärzten zusammen, zusätzlich hat sie vier eigene Fachbücher veröffentlicht („Hundehaltung in der Stadt" 2006, „Alles über Hunde" 2007, „Forschung trifft Hund" 2012 und „Hundeglück" 2013). Damit ihr der persönliche Kontakt zu Hundehaltern und ihren Fragen im Alltag erhalten bleibt, bietet sie für kleine, geschlossene Gruppen im Lüneburger Raum ein Coaching für Hundehalter an und hält Fachvorträge zu verschiedenen Themen rund ums Hundeverhalten in ganz Deutschland. Sie wird regelmäßig als Expertin in Fehrnsehsendungen eingeladen, aktuell arbeitet sie gemeinsam mit einer Produktionsfirma an der Entwicklung eines spannenden Hunde-Magazins fürs Fernsehen.

Heiner Orth lebt bei Hamburg und arbeitet für namhafte internationale Magazine wie Schöner Wohnen, Häuser, Architektur und Wohnen, House & Garden und viele andere. Auch Hunde, die ihn privat begleiten, setzt er außergewöhnlich in Szene und begeistert damit nicht nur die Leserschaft von Dogs. Für Hundegück hat er u.a. bei Kate Kitchenham in Lüneburg fotografiert und fängt mit seinen Fotos die ganze Bandbreite der besonderen Freundschaft von Mensch und Hund ein.

BILDNACHWEIS
Mit 172 Farbfotos von Heiner Orth.

Umschlaggestaltung von Gramisci Editorialdesign, München, unter Verwendung von zwei Farbfotos von Heiner Orth. Das Foto zeigt einen Golden Retriever Welpen.

Mit 172 Farbfotos.

Alle Angaben in diesem Buch erfolgen nach bestem Wissen und Gewissen. Sorgfalt bei der Umsetzung ist indes dennoch geboten. Der Verlag und die Autorin übernehmen keinerlei Haftung für Personen-, Sach- oder Vermögensschäden, die aus der Anwendung der vorgestellten Materialien und Methoden entstehen könnten.

Unser gesamtes lieferbares Programm und viele weitere Informationen zu unseren Büchern, Spielen, Experimentierkästen, DVDs, Autoren und Aktivitäten finden Sie unter **kosmos.de**

Gedruckt auf chlorfrei gebleichtem Papier

© 2013, Franckh-Kosmos Verlags-GmbH & Co. KG, Stuttgart.
Alle Rechte vorbehalten
ISBN 978-3-440-13484-9
Redaktion: Hilke Heinemann
Gestaltungskonzept: Gramisci Editorialdesign, München
Gestaltung und Satz: Atelier Krohmer, Dettingen/Erms
Produktion: Eva Schmidt
Printed in Germany / Imprimé en Allemagne